気候変動の時代を生きる

――持続可能な未来へ導く教育フロンティア

永田佳之 編著

山川出版社

田窪恭治《太陽の門》1984年
廃材、枝、石膏、石、金箔、蜜ろう
117.4×53.0×26.5cm
撮影：田窪大介

序

　多くの方が記憶に新しいかと思いますが、2018年の夏はかつてないほどの酷暑でした。この130年間で最も平均気温が高かったのは2016年であったのに、それをさらに更新するのではないかと思われるほど、連日猛暑が続きました。台風の数やその軌跡も異常だったといえます。
　こうした現象は日本だけではありません。地球全体が温暖化しているといわれており、このまま気温が上がり続けると、動植物が絶滅したり、食料不足になったり、ひいては台風の大型化などによる災害、大惨事になることすら懸念されています。
　気候変動の特徴は、戦争のように惨事が突如として目の前に起こるのではなく、コップの水がひしひしと満たされるかのように、徐々に事態が進行し、ある日突然に水があふれてしまうという不可逆的な性格を帯びた問題であるということです。
　こうした事態に対して国連はつとに対策を打ってきましたが、持続可能な開発目標（SDGs：Sustainable Development Goals）を採択し（その13番目の目標に気候変動のアクションを明記）、気候変動に適応し、さらなる事態の悪化を緩和するための「パリ協定」が結ばれた2015年は画期的な年であったといえます。
　近年、国連は「ACE（Action for Climate Empowerment）」というキャッチワードを用いて、「気候変動へのアクション」を一般向けにも呼びかけていますが、地球規模の課題にどうアクションを起こしてよいのやら、ピンとこない人も少なくないのではないでしょうか。実際に、筆者の周りには、最近の気候の変化にどことなく不安を感じている若者も少なくなく、未曾有の事態に備えて何かしなくてはと思いつつも、何をどこから始めてよいのか分からないようです。
　そこで、気候変動をテーマに教育に焦点をあてた本をつくることにしました。上のような問題意識のもとに創られた本ですので、気候変動のメカニズムなどについて扱った専門書ではなく、どちらかといえば実践書といえる内容です。
　体系的な気候変動に関する教育もしくは学習については理論形成や実践の積み重ねが海外で先行してきたといえます。特に「国連ESD（Education for Sustainable Development：持続可能な開発のための教育）の10年」で培われた知見には今後も最大限に生かすべきものが少なくありません。本書では、それらの紹介も兼ねて、日本での可能性を探ります。学校関係者はもちろんのこと、NPO職員や会社勤めの方まで幅広く読んでいただけるように編んでみました。
　ここでの知見が日本における気候変動教育の端緒となり、その裾野を広げていく契機となるのであれば、幸いです。

永田佳之

気候変動の時代を生きる
――持続可能な未来へ導く教育フロンティア　［目次］

序……3

プロローグ
日本ではあまり知られていない世界の動き……6
1. 2015年9月　ニューヨーク……8
2. 2015年12月　パリ……10
3. COP21後の動向……14

1 「気候変動」を理解する……16
1. 気候変動とは……18
2. 気候変動はどうして起きるのか……20
3. 気候変動による影響……22
- column01 キリバスと気候変動……24
4. 気候変動教育の国際的な潮流……26
5. 気候変動教育を構成する緩和と適応……30

2 個人でできるアクション……32
学校で、職場で、個人として、私たちにできること……34

水・食……38
1. 水・食と気候変動……40
- column02 ともに暮らす家を大切に……44

エネルギー……46
2. 家庭で使われるエネルギーと気候変動……48
- column03 日本の課題と可能性……52

ゴミ……54
3. ゴミと気候変動……56
- column04 横浜市の野心的計画「Zero Carbon Yokohama」……60

ファッション……62
4. 1枚のTシャツから考える気候変動……64
- column05 ファッションと気候変動　エシカル消費が未来を変える……68
- column06 仏教と気候変動……70

経済……72
5. お金・消費と気候変動……74
- column07 気候変動とダイベストメント……78

小さく堅実な暮らし……80
6. デンマークから見た世界の潮流・気候へ配慮した食……82
- column08 生徒が開発する「気候が喜ぶ」献立……88

● 巻末付録
  やってみよう、気候変動ワークショップ！
  〜教室・学校まるごと気候変動教育〜 ……… 156
● 執筆者一覧 ……… 158

❸ 組織でできるアクション ……… 90

学校・職場・地域と家庭における
気候アクションのための学習・教育理論 ……… 92

幼稚園 ……… 96
❶ ドイツの「森の幼稚園」における気候変動教育
　── その理念等をめぐって ……… 98
● column09 気候変動教育に関わる
　森の幼稚園での取り組み
　〜ブルーベリープロジェクト〜 ……… 102

小学校 ……… 104
❷ 英国アシュレイ・スクールによる
　学校まるごと気候変動アクション ……… 106
● column10 気候変動教育にチャレンジする
　箕面こどもの森学園 ……… 110

中学高校 ……… 112
❸ ホールスクールアプローチと気候変動 ……… 114
● column11 スマホと気候変動と学び ……… 118
● column12 気候変動を〈自分ごと〉にする学びとは ……… 120

大学 ……… 122
❹ College of the Atlantic
　アトランティック大学の気候変動アクション ……… 124
● column13 ボルネオのスタディツアーと気候変動 ……… 128

企業 ……… 132
❺ 気候変動に関するBen&Jerry'sのチャレンジ ……… 134
● column14 気候変動に対するパタゴニアの取り組み ……… 138

政府 ……… 140
❻ 気候変動に関する環境省の取り組み
　── 気候変動適応法と適応の取り組み ……… 142
● column15 地球温暖化対策のための国民運動
　「COOL CHOICE」について ……… 146

地域と家庭 ……… 148
❼ Colin Wilson and Bev Maxwell
　カンガルー島で暮らす
　コリンとベヴのサステイナブル・ライフ ……… 150
● column16 気候変動の適応と緩和の実践
　カンガルー島が教えてくれた、
　気負いなく取り組む気候変動アクション ……… 154

プロローグ

日本ではあまり
知られていない
世界の動き

水貴重
100ccで
風呂済ます

　宇宙で暮らすということは、限られた資源でいかに生き抜くかということでもある。国際宇宙ステーションでは尿や汗、生活排水まで再生処理しているが、それでも水は貴重だ。「流す」という贅沢は許されない。朝の洗面は、水を浸したガーゼで顔と手を入念に拭く。次に歯ブラシに歯磨き粉をほんの薄くつけて3分間磨き、うがいはできないのでそのまま飲み込む。一日の終わりの風呂も、水無しシャンプーで髪を洗い、ガーゼにお湯を浸して全身をくまなく拭いて清潔を保つ。100ccの水でお風呂っていうのは誇張ではなくて生活習慣なのだ。資源を節約しながら持続可能な「社会」を守ることは宇宙飛行士の任務ですから。

野口聡一「水貴重100ccで風呂済ます」『ナショナル ジオグラフィック日本版』2010年「地球と、生きる」特別号,日経ナショナル ジオグラフィック社

プロローグ 1

2015年9月
ニューヨーク

　2015年は人類の行方を左右するといっても過言ではない、2つの重要な「出来事」があったモニュメンタルな年でした。

　一つは9月の国連総会において「我々の世界を変革する──持続可能な開発のための2030アジェンダ」が193の加盟国によって全会一致で採択されたことです。このアジェンダ（行動計画）の前文には「誰一人取り残さない」という基本理念がうたわれ、「SDGs」が掲げられました（P9参照）。

　こうした多岐にわたる目標の設定は、持続不可能になりつつある現代社会に対する危機感の裏返しと捉えることができます。一部の人々を犠牲にしたり、自然を破壊したりするような持続不可能な開発の在り方はつとに問題視されてきましたが、そろそろ世界全体で取り組まないと取り返しのつかないことになるという意識はこれまでになく受け入れられつつあるといえましょう。現在、各国にはこの目標を手鏡に自らの発展の在り方の再考が求められています。

　もう一つの「出来事」は「パリ協定」です。同協定の内容については後に詳しく述べますが、その採択に向けた国際的な波動は2014年9月の「気候変動サミット」が開催されたニューヨークにも及んでいました。同市内で行われた40万人もの人々による大規模な「気候変動デモ」には各国の市民団体や有名人が集結し、地球規模の温暖化を食い止めるためのアピールを国連総会に合わせて行ったのです。

　このデモの先頭に立って市民と共に歩きながら地球温暖化対策の重要性を訴えたのは俳優のレオナルド・ディカプリオでした。デモ行進の後、国連本部で120カ国あまりの首脳を前に彼は演説し、「この星で私たちが存続するための最大の課題」として気候変動問題の重要性を訴えたのです。

　日本ではさほど大規模なデモなどは行われませんでしたが、世界各地で気候変動に対する関心は徐々に高まりを見せ、特に「パリ協定」が結ばれる国連気候変動枠組条約第21回締約国会議（以下、COP21）の前に欧米を中心にメディアはこぞって特集を組みました。

（永田佳之）

SUSTAINABLE DEVELOPMENT GOALS
世界を変えるための17の目標

1 貧困をなくそう

2 飢餓をゼロに

3 すべての人に健康と福祉を

4 質の高い教育をみんなに

5 ジェンダー平等を実現しよう

6 安全な水とトイレを世界中に

7 エネルギーをみんなにそしてクリーンに

8 働きがいも経済成長も

9 産業と技術革新の基盤をつくろう

10 人や国の不平等をなくそう

11 住み続けられるまちづくりを

12 つくる責任つかう責任

13 気候変動に具体的な対策を

14 海の豊かさを守ろう

15 陸の豊かさも守ろう

16 平和と公正をすべての人に

17 パートナーシップで目標を達成しよう

SUSTAINABLE DEVELOPMENT GOALS

2030年に向けて世界が合意した「持続可能な開発目標」です

世界を変えるための17の目標

プロローグ 2 2015年12月 パリ

　前述のような機運も奏功し、2015年の暮れにパリで開催されたCOP21において200近い締約国・地域すべてが温室効果ガス削減の取り決めとなる「パリ協定」に合意しました。産業革命前から比べて地球の気温上昇を2℃未満に抑える（可能な限り1.5℃未満に抑える努力をする）ことを目指し、21世紀後半に世界全体で温室効果ガスの排出を実質ゼロにするという目標を達成するために、2020年以降の温室効果ガス削減・抑制の努力目標を参加国がそれぞれ決めて5年おきに見直しも行います。ちなみに、日本は中期目標として、2030年度の温室効果ガスの排出を2013年度の水準から26％削減する目標を掲げました。

　この協定が画期的であるのは、先進国のみならず途上国を含むすべての参加国に排出削減の努力を求める枠組みであるという点です。パリ協定以前の国際的な取り決めであった京都議定書（1997年採択）では排出量削減の義務は先進国だけに課されていましたが、パリ協定では中国やインドなどの大国が含まれていることの意義は大きいといえましょう。

　当時、筆者はCOP21に合わせて開催されたユネスコ本部での気候変動教育に関するユネスコスクールのセミナーに出席していました。その直前にテロ事件がパリの中心街で勃発したために会議の開催すら危ぶまれる声もありましたが、結局、決行することになりました。街を歩くと市内では50mおきに警官や機動隊員が警備にあたり、街は異様な雰囲気がみなぎっていたのを覚えています。

　テロ事件後に発令された非常事態宣言のためCOP21に合わせて計画された市民による5万人規模のデモが禁止されたというニュースは日本の紙上にも取り上げられました。政治集会などで市民がよく集う共和国広場に筆者も足を運ぶと、デモに参加予定だった世界中の人々の置いた2万2,000足もの靴が並べられ、サイレントな抗議が行われていまし

写真1 パリ中心部の共和国広場。その中央にあるマリアンヌ像の周りにはテロ犠牲者を追悼する人々が集まった

た。中にはローマ法王も靴を寄せたといわれています。

　テロ後の残響の中においても、当時のパリはCOP21を成功に導こうという気運を街の所々で感じることができました。ユネスコ本部近くのエッフェル塔に通じる歩道には気候変動や地球温暖化について一般市民に説明する特設の掲示版が立ち並び（写真2）、観光客も足を止めて読んでいました。夜になるとライトアップされるエッフェル塔には「DECARBONIZE（脱炭素）」の文字が大きく掲げられ、周辺の公園を照らしていました。街の広場でも気候変動の重要性をアピールするポスターや看板が目に入り、悲しみに包まれながらも世界を平和と持続可能性の方向へ導こうという意思があちらこちらに示されていたといえます。

　ユネスコ本部での気候変動教育に関するユネスコスクールのセミナーは第2・3章で紹介する気候変動教育の具体的なアクションへの道筋をつけて成功裏に終わり、終了後は筆者も含めて多くの参加者はCOP21の会場に移動しました。

　パリの中心街から離れた巨大な会場に足を運んでみると、国際会議と並行して、大きなパビリオンの中にプレゼンテーション会場や国際NGOや国連、自治体などによるブースが立ち並んでいました。会場で多くの人が立ち止まり、見入っていたのはWWF（World Wide Fund for Nature:世界自然保護基金）のポスターです。聖書のノアの箱舟は天災に対する希望の物語という見方もできますが、その希望すら奪ってしまうのが気候変動であることを示唆した絵や、2050年のパリの気温

写真2　エッフェル塔に通じる歩道に並ぶ特設の掲示板

写真3　WWFのポスター「気候変動時代のノアの箱舟」

写真4　WWFのポスター「2050年の気温を示すスマートフォン」

を示しながらスマートフォン自体が溶けている様子を描いた絵などです（写真3・4）。

　パビリオンの会場をしばらく歩いていると、特設会場やブースでの会場で元気なのは先住民や女性たちであることに気づきました。彼（女）たちはメインの会場で開催されている政府間の意思決定には直接に参加できないマイノリティの人々です。世界中の先住民が気候変動による災害の影響や生活の変化を訴え、メディアにも取り上げられていました（写真5）。

　また、ペンギンなど声を挙げられない動物に扮して気候変動による窮状を訴える人々もいました（写真6）。

　こうした活動家に誘われてブースやセミナー会場を訪ね、学んだこと

写真5 母国の気候変動についての取材に応える南米の先住民

写真6 「(温暖化に人間だけでなく) 私も適応させて!」と訴えるペンギンに扮したNGO活動家

がいくつかあります。一つは、気候変動は特に動物や植物にとって待ったなしの問題として迫っていることです。生物多様性の喪失は人間にとっても危機的状況をもたらすといわれていますが、温暖化のために生態系のバランスは急速に崩されつつあります。

もう一つは、気候変動は先住民など、特に途上国の社会的弱者(マイノリティの人々)にとってはリアルな日常の課題であるということです。特に途上国の女性にとって温暖化の影響は日々の生活上の問題として受け止められています。干ばつのために穀物の収穫量が減り、貧困生活を強いられ、子どもが栄養不足になり、疫病がはやって健康がおびやかされる人々のほか、中には生活の糧を得るために移住を強いられる「気候難民」と呼ばれる人々もいます。貧困にあえぐ家族を世話し、守る女性たちはとりわけ身をもって気候変動の厳しさを実感しているといえましょう。

最後に、気候変動への取り組みは希望の営みであるということです。分科会での発表や各ブースの議論を聞いていると、「手遅れ感」を抱かせるような厳しいデータを突きつけられることもあります。ただ、パビリオンで集会や芸術表現を通して窮状を訴えていたマイノリティの人々の活動は、どんな状況下においても希望を失わないこと、絶望的な現実を前にした時こそ楽観的な態度が重要であることを伝えていたように思います。

次に、こうした気候変動に関する国際的なムーブメントにおける教育に焦点をあてて、現在の潮流に至るまでの軌跡をふり返ってみたいと思います。

(永田佳之)

3 COP21後の動向
プロローグ

　先に、COP21での「希望的な営み」を描きました。しかし、その後の道は決して楽観視できないものとなりました。パリ協定での国際的な結束を打ち砕くかのように、トランプ政権はアメリカの同協定からの離脱を表明しました。この政治的な意思は米国内の化石燃料業界を一時的に潤すことになるかもしれませんが、米国は世界第2位の二酸化炭素（CO_2）排出国であるだけに地球全体を温暖化へと助長することになるでしょう。

　こうした傾向に対して警鐘を鳴らすように近年のデータはより厳しい現実を私たちに突きつけてきます。2018年10月に国連気候変動に関する政府間パネル（IPCC:Intergovernmental Panel on Climate Change）が公表した「1.5℃特別報告書」では、各国が掲げた削減目標では2100年までに世界の平均気温は3℃上昇してしまう可能性が示されました。1.5℃上昇でも海面上昇や生態系損失などさまざまな被害が出ることになり、2℃の場合はさらに深刻になるとも指摘しています。

　このように各国が示してきた排出削減目標をすべて達成できたとしても気温上昇を2℃に抑えるというパリ協定の目標達成は無理であるという厳しい現況が示唆されたのがポーランドのカトヴィツェで開かれたCOP24でした。パリ協定を2020年以後に実際に運用していく詳細なルールづくりが目指された同会議は難航も予想されましたが、ほぼすべての温室効果ガス排出国が参加する国際的な枠組みが2020年から本格始動する運びとなりました。これは、現行の削減目標の上積みを途上国も含めて検討することを決めるなどの努力の成果であるといえましょう。

　こうした合意に至ったとはいえ、IPCCが「これから数年で何をなすかが歴史上で最も重要である」と強調しているように、相変わらず楽観視できない情勢が続いていることは事実です。ただ、予断を許さない情勢の中でも希望はあります。トランプ政権と闘うように、米国

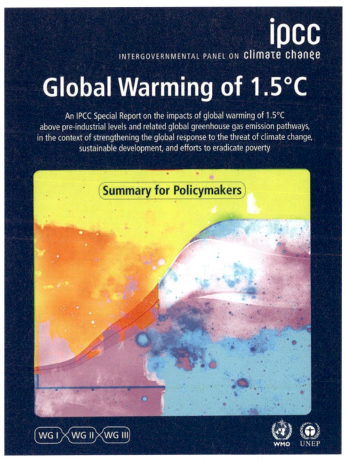

「1.5℃特別報告書」の表紙

内では自治体や企業、NGOなど、2,700を超える非国家アクターが"We are still in（パリ協定にとどまる）"という運動を盛り上げています。特に中央政府よりも地方自治体レベルでの温暖化対策が目を引くようになりました。また、ローマ法王のように世界各地のキリスト教信者に影響力をもつ人物が気候変動への取り組みを呼びかけ、多くの成果を挙げています（詳細は第2章）。日本では2018年秋に「気候変動イニシアティブ（JCI:Japan Climate Initiative）」が発足し、自治体や企業、NGO、教育・研究機関などが「脱炭素化をめざす世界の最前線に日本から参加する」という宣言を行っています。

（永田佳之）

1

「気候変動」を理解する

未来の子どもに
国を残したい

キリバスの美しい島と海。1つの島を除き海抜は平均で2m以下。
首都のある島の幅は平均で350mしかない
（写真提供：ケンタロ・オノ）

1-1 気候変動とは

　本書は「気候変動教育」もしくは「気候変動学習」を扱う本ですが、本題に入る前に気候変動についての基本的な知識を押さえておきたいと思います。

　そもそも「気候」とは何でしょう。「天気」や「天候」とどう違うのでしょう。これらはいずれも空の様子や大気の移り変わりをさしますが、似ていてどこかが違う類義語です。

　まず、私たちが毎日のように使っている「天気」は大気に関する状態や変化を表す言葉です。気温・雨・風・湿度などさまざまな要素を総合した大気の状態のことをいいます。ただ、それがさし示すのは比較的短期、すなわち数時間から数日間の現象となります。次に「天候」ですが、一般には「天気」よりも長い期間、つまり1週間や1カ月などの大気の状態や変化をさす言葉です。「天気」と次に出てくる「気候」の中間的な概念といえます。そして、本書のタイトルにある「気候」は、ある地域で長年にわたって繰り返される総合的な大気の状態をさす言葉です。「天候」よりも長期、すなわち1年などのようなより長い期間にわたる現象です。

　1891年から2017年にわたる気温の変化を表した図1を見てください。短期的に見ると、気温は上がり下がりしていますが、長期に見ると上がる傾向にあることが分かります。

　世界の平均気温はこの130年ほどで0.85℃上昇し、20世紀後半の北半球の平均気温はこの間で最も高いのです。1,000年間の変動が0.5℃程度の上がり下がりでしたので、これは非常に大きな変化であるといえます。

　このように気候変動は長期的な視野に立って論議されるテーマです。従って、この数年間気温が下がる傾向にあっても温暖化ではないとはいえないのです。「私たちの子や孫の時代には……」そんな想像力をもって議論を重ねていくことが重要であるといえましょう。

（永田佳之）

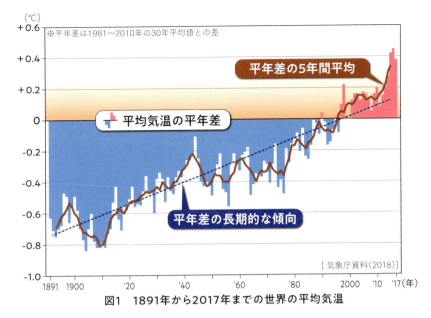

図1 1891年から2017年までの世界の平均気温

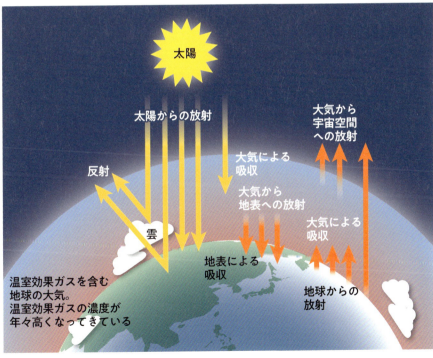

図2 温室効果ガス増加のしくみ

1-2 気候変動はどうして起きるのか

前節では気候変動とは何かを考えましたが、ここではそのしくみ（メカニズム）について簡単に説明します。気候が変動する原因は大別して2つ、つまり自然の要因と人為的な要因があります。前者は太陽の活動の変化に伴うものや火山噴火による影響などです。一方、後者は人間の活動を通して排出される二酸化炭素（CO_2）などの温室効果ガスの増加が主な原因です。

私たちの地球は太陽によって暖められた後に宇宙に向かって放射される熱の一部が大気中の温室効果ガスによって吸収されます（P19図2）。このおかげで地上では適度な温度が保たれてきたのですが、現在では温室効果ガスの濃度が過度に上がり、まさに「温室＝ビニールハウス」のように地球はおおわれてしまい、地上の温度が上昇しています。

特に石油や石炭などの化石燃料の消費によって上がる大気中のCO_2濃度は大きな原因であるとされていますが、その他にも私たちが普段の生活で恩恵を受けている飲食や衣類、交通手段など、ありとあらゆる日常の行為や生活の様式が気候変動と関わっています。

温室効果ガスにはCO_2の25倍もの温室効果があるメタン（CH_4）や一酸化二窒素（N_2O）も含まれます。一例ですが、私たちが日常で食する牛肉は、牛が育つ過程でゲップを出すために大量のメタンガス排出の原因となっています。また家畜を育てる過程で必要な広大な牧草地は森林伐採と関係していますし、飼料を育てるには大量の水を使用しており、いずれもCO_2排出に関係しています（詳細は第2章）。

IPCC（国連気候変動に関する政府間パネル）は、最新の報告書で95％以上の確率で気候変動は人為的であると報告しています。こうした見方に反対する論考も出されていますが（例えば、赤祖父俊一（2008）『正しく知る地球温暖化：誤った地球温暖化論に惑わされないために』誠文堂新光社）、気候変動懐疑論に対するさらなる反論も展開されています（明日香壽川ほか（2009）『地球温暖化懐疑論批判』IR3S/TIGS叢書）。これらの見解に対する筆者の考えは第1章5で述べます。

（永田佳之）

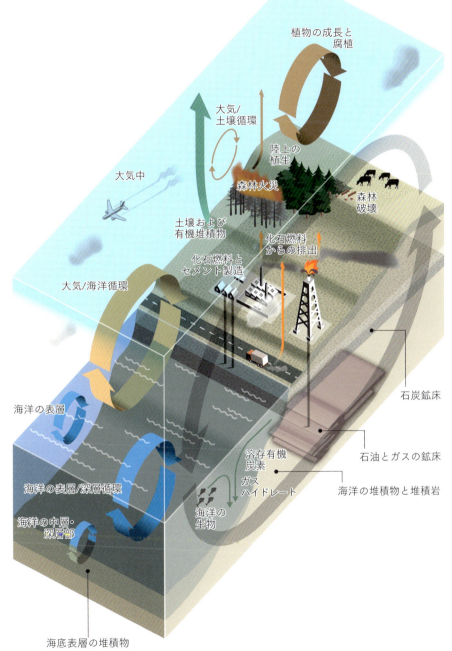

図3 地球の炭素循環モデル　　出典：UNEPの資料をもとに作成

1-3 気候変動による影響

　気候変動はどのような影響を私たちの生活に与えているのでしょう。

　まずは国内の影響を見てみましょう。近年の日本ではゲリラ豪雨や大型台風などによる自然災害が増えており、温暖化との関係が指摘されています。また、干ばつや豪雨で農作物が被害を受けたり育たなくなったりすると、食生活にも影響が出ます。さらに、猛暑日が続いて熱中症患者が増加し、マラリアなどの熱帯地域で見られた疫病が日本でも見られるようになるという予測もあります。

　では、世界的には温暖化の影響はどうでしょう。特にアジアやアフリカ、中南米など、貧困層の人々が多く暮らす地域では気候変動からの影響は深刻です。本章のコラム1にも描かれているように、小さな島国である島嶼国ではこのまま温暖化が続けば国土が消滅することもあり得るほどの深刻な事態に直面しています。温暖化の主な原因であるCO_2の排出は豊かな生活を送る先進諸国の人々の行動やライフスタイルに起因する一方で、最も脆弱な形でその被害を受けるのは途上国の人々なのです。

　図4は、その被害の領域について表しています。地域によっては、水不足や干ばつになる所もあれば、逆に洪水に見舞われる所もあります。沿岸部は海面上昇に脅かされ、このまま温暖化が進むと都市部でも移住を余儀なくされるほどの深刻な被害が予想されています。さらに食糧・食料の不足や疫病のまん延、ひいては移住を強いられたり、その結果、子どもが教育を受けられなくなったりする事態も起きるのです。

　さて、こうした事態を防いだり、防げずとも最小限に被害を抑えるために、どうすればよいのでしょう。この点については第2・3章をご覧ください。

（永田佳之）

図4　気候変動による影響

column 01

キリバスと気候変動

　わが国キリバスや隣国のマーシャル諸島、ツバル、インド洋のモルディブなどの低海抜環礁国・地域は気候変動の影響の最前線国で、存亡の危機にあります。「気候変動により、消滅するといわれている国」とも、紹介されます。

　このたった1行の無味乾燥な文に表される国に、今、十数万人の人々が美しい33の島々に住み、故郷と呼んでいること。その何十倍もの数の祖先の日々の生活の積み重ねがあること。そして本来その何十倍、何百倍もの数の次世代が、あの美しい島々を故郷と呼べなくなってしまう危機にあるという悲しさと怖さ。日本にどれだけこのことを自分ごととして捉えている人がいるでしょうか。このままではこの地球に「無かったことになってしまう国」が出てしまうことに、どれだけ本当に危機感を持っている人はいるでしょうか。その数はおそらく少ないでしょう。

　キリバスの33の島々は1つの島を除き、平均の海抜は1.5mから2m、首都があるタラワの南部分は東西約40kmありますが、幅は平均で350mしかないのです。海抜が低く平らで右を見ても左を見ても海が見える細長い島々。海の状態がわずかに変わってしまうだけで、大きな影響を受けてしまうのです。

　海抜2m前後あるのなら、多少海面が上がっても問題ないのではと思うかもしれません。でもこれは海なのです。海には波があるのです。わずかな海面上昇でも、そこに波の力が加わると、恐ろしいほど海水が土地を削っていきます。

　そして「気候変動」という言葉が示すとおり、キリバスでは年間の雨季と乾季のパターンが変わり、長期の極端な干ばつと長期の極端な多雨や経験したことがない強さの嵐など、気候が極端化してきました。キリバスなどの低海抜環礁国には山がありません。山がないので川や泉などの水源がありません。雨水をためるか、サンゴの砂の地面に降った雨が浸透し地下水となる。つまり、水はすべて雨に頼っています。干ばつに見舞われると、雨水の貯水はなくなり、また地下水の塩分濃度は上がります。多雨による悪天候でも、海水が地面に浸水することにより、地下に浸透し地下水の塩分濃度が上がる。海水温の上昇と酸性濃度の上昇により、キリバス国民の主食といってもいい、魚介類の生態系も変わってきています。

　私たちは最悪の場合、当たり前の生活と故郷を失い、難民になってしまうかもしれない、ということまで考えないといけないほどの危機に静かに迫られていま

す。世界銀行は最悪のシナリオで、南タラワの8割は2050年までに浸水するだろうと予測しています[*1]。気候変動に関する政府間パネル（IPCC）は、氷河の損失と海水の熱膨張により、最悪の場合2100年には海面は1m近く上がるとしています[*2]。また、2018年10月に公表されたIPCCの特別報告書では、2030年には最悪のシナリオが起こるかもしれないと警鐘を鳴らしています[*3]。

そして、日本に住む皆さんにとっても、気候変動はもう決して他人ごとではないのです。もとより温帯地域にあるこの日本で、夏に何人の尊い命が熱中症で失われてしまったことでしょうか。本来ならば50年に一回の大雨であろうに、生死に関わる大雨の特別警報をひと夏に何回聞いたことでしょうか。過去最大級の台風の到来を何回聞いたことでしょうか。

この気候変動は私たち人間が引き起こした人災です。人災だからこそ私たち人間が解決しないといけません。そして私たち人間が解決できると信じています。

日本は自然災害が多い国です。その分、故郷を失う心の痛みや故郷が傷つく悲しみを、世界で一番知っている国民の一つではないでしょうか。この人災たる気候変動によって、キリバスなどの未来の世代の故郷がなくなってしまう危機が迫っているのです。ですが、私たちの行動で、それを避けることができるのです。わずか数十年前、日本の海や川はとても汚れていました。でも今は清流や青い海が戻ってきています。自然は、私たち人間が行動さえすれば応えてくれるのです。残された時間は少なくなってきましたが、今の生活をちょっとだけ見直し行動に移すこと、一人ひとりの本当に小さな積み重ねで、これ以上の気候変動を食い止めることができると信じています。

「愛の反対は憎しみや恨みではなく、愛の反対とは無知と無関心」
という格言があります。2030年、2050年に、この原稿を「こんなこと書いてあるな」とほほ笑み振り返りながら子どもや孫、ひ孫たちと読めるのか、それとも「こんなこと書いていたのに」と涙ながらに読むことになるのか。それはすべて私たちの関心、理解、そして行動にかかっています。

「無かったことになってしまう国」。こんなことは決してあってはならないことなのです。　ケンタロ・オノ　一般社団法人日本キリバス協会 代表理事／前キリバス共和国名誉領事 大使顧問

[*1] http://siteresources.worldbank.org/INTPACIFICISLANDS/Resources/4-Chapter+4.pdf （最終閲覧日：2019年2月28日）
[*2] http://www.data.jma.go.jp/cpdinfo/ipcc/ar5/ipcc_ar5_wg1_spm_jpn.pdf （最終閲覧日：2019年2月28日）
[*3] https://www.env.go.jp/press/files/jp/110087.pdf （最終閲覧日：2019年2月28日）

1.4 気候変動教育の国際的な潮流

　ここでパリ協定に至るまで、教育に照準を合わせながら、半世紀ほどの歴史を手短にふり返ってみたいと思います。

　気候変動に対応するために教育が注目され始めたのは比較的最近のことといえます。それまでは（現在もですが）、技術や法律をもって温暖化を止めようとしてきた傾向が強かったといえるでしょう。

　教育の重要性が徐々に唱えられるようになった一つの契機は、1972年にスウェーデンのストックホルムで「国連人間環境会議」における「人間環境宣言」の採択でした。この宣言では「かけがえのない地球（Only One Earth）」という標語のもとに教育が重要であることが明記されました。これを機に「国連環境計画（UNEP:United Nations Environment Programme）」も創設され、環境教育も含めた諸事業が体系的に進められ、ユネスコも環境教育の政府間会議を定期的に開くようになります。

　さらに国際的に教育の重要性が広く認識され、国際的な議論の俎上に載せられるようになったのは、前述の会議の20周年として1992年にブラジルのリオデジャネイロで開催された国連環境開発会議です。「地球サミット」と一般に称されるこの会議では、後の「国連ESDの10年」へとつながる「持続可能な開発のための教育（ESD:Education for Sustainable Development）」の重要性が行動計画でうたわれたほか、155カ国が国連気候変動枠組条約（UNFCCC:United Nations Framework Convention on Climate Change）にも合意しました。

　この条約の第6条には「教育、訓練、啓発」等が温暖化防止のために不可欠であることが明記され、その概要を示したのが表1です。

　その後、「地球サミット」から10年余りを経て、南アフリカのヨハネスブルグで日本の政府と市民による提案が採択され、「国連ESDの10年」（2005-2014年）がスタートします。筆者はユネスコ本部にて「国連ESDの10年」を推進する

表1　国連気候変動枠組条約（UNFCCC）
　　　第6条の要素：領域と目的

領域	目的	
教育	長期的に慣習を変える。	気候変動とその影響に取り組むためにより良い理解と能力を育む。
訓練	実践的な技能を培う。	
啓発	すべての年齢および生活様式の人々に届ける。	気候変動の解決策を見出すために地域社会の参画・創造力・知識を促進する。
情報へのアクセス	気候変動に関する情報に自由にアクセスできるようにする。	
市民参加	意思決定および実施においてすべての関係者を巻き込む。	気候変動に社会全般で応じることができるように討議やパートナーシップにすべての関係者が参画する。
国際協力	協力、共同の努力、知的交流を強化する。	

出典：UNESCO and UNFCCC (2016), Action for Climate Empowerment : Guidelines for Accelerating Solutions through Education, Training and Public Awareness. p.3をもとに筆者作成

モニタリング評価専門家会合のメンバーとして運動の推進に従事してきましたが、特に後半になってESDを具体化する領域の一つとして「気候変動教育（CCE：Climate Change Education）」もしくは「持続可能な開発のための気候変動教育（CCESD．Climate Change Education for Sustainable Development）」が年々重要視されるようになったのを実感してきました。

こうした一連の国際的動向においてUNFCCCの第6条は気候変動に関する教育を包括的に推進する運動の旗印として国際舞台で掲げられようになります。2012年にカタールのドーハで開催されたCOP18（国連気候変動枠組条約第18回締約国会議）では、各国の政策として実際に第6条に明記された課題を推進するために「国連気候変動枠組条約第6条に関するドーハ作業プログラム」が採択され、国連レベルのみならず各国政府レベルで気候変動教育に対する努力が促されるようになります。

さらに2015年、ドイツのボンで

開始された第3回第6条に関する年次ダイアローグで第6条の具現化に向けた行動を「ACE（気候変動に関するエンパワメントを目指したアクション）」と呼ぶことが決議されました。これは、これまで専門家に限って議論される傾向にあった第6条の意義を教育現場でも吟味してもらい、また、より広く市民一般に広めていこうとする意志の表れです。

● **ACE-希望へのアクション**

さて、以上のような国際的な潮流の中でどのような気候変動教育が実践されているのでしょうか。ここではいくつかの事例を簡単にご紹介します。

気候変動教育というと、皆さんはどのような教育を思い浮かべますか。おそらく地球温暖化のメカニズムやCO_2の排出量など、理科や地理で学ぶ知識習得型の学びを想像する人が多いのではないでしょうか。

確かに、その通りではありますが、世界を見渡すと、実に多様な気候変動教育が展開されているのが分かります。例えば、気候変動に関するユネスコスクールを対象にした一連の会議では、教室での学びのみならず、校外学習から街中でのアクションに至るまであらゆる気候変動の学習が共有されました。ごく一部ですが、次のような実践もACEです。

写真1は、ユネスコ本部の会議で発表されたブラジルのユネスコスクール（公立学校）の気候変動教育実践の様子です。生徒が手に持っているのはアイスキューブ（棒状の氷）で、中には地球温暖化を憂える生徒たちが考えたメッセージがテープに書かれて入っています。このアイスキューブを持って生徒たちはサンパウロの街に出ていき、若者からのメッセージとして道ゆく人々に手渡すというアクションです。メッセージはポルトガル語で「これは私たちが直面している地球温暖化を理解するのに最も良い方法です」と書かれています。このアクションは先の表1の「啓発」を目指した実践といえます。

教室内での知識習得を目的とした気候変動を学ぶ教育とはだいぶ変わった実践を紹介しましたが、こうした学習は一般にプロジェクト・ベースの学習（Project-based Learning）と呼ばれていて、気候変動教育の重要なアプローチです。

これらの他にも、実にさまざまな気候変動教育が実践されていますが、パリ協定施行後はそれまでにも増してACEが各国の学校で期待されるようになりました。具体的な実践については、第2・3章をご覧ください。

（永田佳之）

写真1 手にとった氷が溶ける瞬間にメッセージが現われる「気候変動アイスキューブ」

1.5 気候変動教育を構成する緩和と適応

ここで気候変動教育の基本的なコンセプトをご紹介します。国際的には気候変動教育は次のような考えのもとにさまざまな実践が展開されています。つまり、従来の授業での学び（座学）や前節でふれたプロジェクト・ベースの学習を通じた「理解」。そして地球温暖化をこれ以上助長させないために日常生活でCO_2の排出を抑えたり、植林等によるCO_2を吸収するためのアクションを起こしたりする「緩和」、さらには決して容易には食い止められない気候変動に合わせて自らの生活・仕事のスタイルやアプローチを変えていくための「適応」です（図5）。確かに、第1章2で触れた懐疑論が正しいとすれば、緩和の努力の多くはむなしく感じるかもしれません。しかし、少なくとも増加する自然災害を始め、適応策は打たれなければ世界各地で被害は増え続けるでしょうし、実際に増加の一途をたどっています。私たちが少なくとも今、実行しておくべきは気候変動に対する適応であ

表2　SDGsにおける気候変動教育に関わる目標とターゲット

第4目標	包括的で質の高い教育の保障
特に人権教育やジェンダー教育、ESDなどに言及しているターゲット4.7	
第13目標	気候変動とその影響に対する迅速なアクション
「気候変動の緩和と適応（中略）に関する教育発展、意識向上、人と組織の能力」の重要性が明記されているターゲット13.3	
第16目標	公正かつ平和で包括的な社会の促進
意思決定や市民等の参画に関するターゲット16.7および市民の情報へのアクセスや基本的人権の擁護について述べたターゲット16.10	

出典：UNESCO and UNFCCC（2016）をもとに筆者作成

り、また完全には証明されていなくとも「予防原則」に則って緩和の努力を惜しまないことなのではないでしょうか。

● SDGsと気候変動教育

最後に、本書でもしばしば登場する「持続可能な開発目標（SDGs）」と

図5　気候変動教育の構成

「気候変動教育（CCE）」との関係について述べ、本章の結びとします。

前述のとおり、2015年12月に取りまとめられたパリ協定の同年、17の目標と169のターゲットをもつSDGsが国連本部で採択され、気候変動教育にも関わる目標やターゲットが複数、設定されました。気候変動は13番目の目標として掲げられ、「気候変動に具体的な対策を」という日本語訳が広く使われています。

ただし、気候変動教育に関して俎上に載せられるのは13番に限られていません。同教育に関する国際会議で扱われる主な条項は表2のとおりです。なお、ここでいう「ターゲット」とは各々の目標を達成するためのより具体的な内容についての細目です。

ターゲットをさらに詳しく見ると分かるのは、第一に、気候変動教育は人権教育やESDなどを通してより発展させることが期待されていること。第二に、気候変動教育は学校のみならず、あらゆる暮らしや仕事の場面において実践されるべきものとして捉えられていること。第三に、その学びでは伝統的な教室で見られるような一方的な知識の伝達でなく、子ども・若者自身が学びの「主人公」としてプロジェクト等における意思決定に関わる手法が重視されていることです。

（永田佳之）

2

個人で
できる
アクション

「この一枚の紙のなかに雲が浮かんでいる。」

　ティク・ナット・ハンというベトナム生まれの仏教僧の言葉です。(ティク・ナット・ハン著、棚橋一晃訳『仏の教え ビーイング・ピース』中公文庫より)

　雲なしには水は生じず、水なしには樹木は育たず、樹木なしには紙はつくられない。さらにいえば、紙をつくるには、森を育てる人、土の養分や日光もなくてはならず、いっさいのものが紙の中にある……。これは仏教の縁起を説いた表現ですが、さまざまな問題が複雑に関係し合うグローバル化された社会に生きる私たちにとって、現代ほど想像力が問われている時代はないといえましょう。

　この章では、私たちの身近な生活と気候変動がつながっていることを述べています。日々の暮らしで無意識にも依存している電気や食べ物・飲み物、衣服などから地球温暖化を考えていきます。

個人で
できる
アクション

学校で、職場で、個人として、私たちにできること……

　気候変動問題を解決しよう、などといわれても、地球規模の課題というスケールの大きさを前にたじろいでしまうのではないでしょうか。地球温暖化が原因のメガ台風に対して私たちは無力ですし、地球全体の平均に比べて2〜3倍の速さで温暖化が進むといわれている北極の海氷の減少を食い止めよ、といわれても途方に暮れてしまいます。

　ましてや今後、より不透明な時代を生きていく若者にとっては手遅れ感やあきらめ感が先立ってしまうのではないでしょうか。特に自己肯定感の低さが国際的に見ても低いことが明らかになっている日本の若者は、なおさら諦念をもってしまうのかもしれません。(内閣府「平成26年版 子ども・若者白書」)

　しかし、よくよく考えてみると、地球上で私たちが直面する問題の多くは私たち自身が生み出したものであり、IPCCのレポートによれば、気候変動は95％以上の確率で人間の活動が原因であるとされる問題なのです。

　この章では、自分で生み出した問題は自分で解決する――そんな当たり前のことを私たちの暮らしから考えてみたいと思います。気候変動はたとえ地球規模の現象であっても、私たち一人ひとりの暮らしや仕事の場面において温暖化の直接的・間接的な原因を改めていくことなしに、その解決はおぼつきません。やや陳腐な表現ではありますが、私たち一人ひとりは微力かもしれないが無力ではないと思える社会、「一人の百歩より百人の一歩から」を応援する社会をつくることが求められているといえましょう。ここでは、そんな想いのもとに気候変動を緩和するための6つのテーマを取り上げ、誰でもが取り組める日常のチャレンジを紹介します。

　各トピックの詳細を述べる前に、まず個人として、学校や会社という組織として、または地域として温暖化を抑えるためにどんな取り組みができるのかについ

て一覧できる表をシェアします。次頁の表に示したのは、若者をはじめ、私たちが個人として、組織として、または地域社会で何ができるのか、具体的なアクションの参考になるキーワードです。

　こうした表を用いて、若者と共にあらゆる世代が気候変動という地球規模課題に取り組み、具体的な適応策と緩和策について考え、または若者主体で変化を起こせるように大人の世代が後押しする具体策を講じることが重要です。

　これらのキーワードをヒントに、まずは自分がどんなアクションを通して変容できるのかを考え、そしてその先に自身の所属する組織、つまり家族や学校や職場や地域社会も内発的に変容していき、さらに共同体レベルでの変容と出会った別の個人も変容していくという、持続可能な未来に向けた好循環が生まれると、希望の営みをより多くの人が実感できるようになるのではないでしょうか。
「入り口」はどこからでもよく、徐々に取り組みやすいトピックへのチャレンジを増やしていくことが肝要です。筆者のゼミ生の話ですが、授業の一環で持続可能な社会に関する講演を聞いた後、コンビニでレジ袋を断るようになり、たまたま一緒に買い物をしていた家族も気になり始め、ひと月ほどで家族全員がお気に入りのマイバッグを持つようになったという「家族変容」がこうした好循環の一例です。

　続く節では、既存の悪循環をどう好循環に好転させていくのかについて気候変動に関わるそれぞれの身近なトピックに焦点をあてて解説します。

　なお、次の表は、国連環境計画とユネスコが共同刊行した「ユース・エクスチェンジ」という若者に行動変容をもたらすことを目指したシリーズ本を参考にまとめたものです。

（永田佳之）

個人で
できる
アクション

学校で、職場で、個人として、
私たちにできること……

学校・職場・地域での気候変動アクションのためのキーワード

	エネルギー	食	プラスチック
個人	●節電 ●自然採光の活用 ●代替エネルギーの選択 ●洗濯水の節約・低温度化 ●持続可能なエネルギー政策を実行する政党への支持	●フードマイレージへの理解 ●オーガニックフードやビーガンへの理解 ●家庭菜園 ●コンポスト（堆肥）づくり ●地球環境にやさしい洗剤や歯磨き粉の使用	●プラスチックの購買・使用の自制 ●販売店での使い捨てプラスチックの受け取りのお断り ●マイ箸やマイバッグの常備 ●既存のプラスチック食器等の長期利用
学校等の組織	●自然採光の利用 ●化石燃料を使用しない設備投資 ●エネルギー学習 ●使用電力の自己モニター ●ご当地エネルギーの選択 ●持続可能なエネルギー方針の作成	●給食（社員食堂等）の食材への配慮 ●給食の残べ残しの減量 ●学校菜園での実践 ●コンポスト（堆肥）づくり ●気候変動が水源等に与える影響の学習 ●仮想水（バーチャル・ウォーター）についての学習 ●地域の食問題に関するインタビュー ●フードマイレージを考慮した食材購入	●プラスチック・フリーゾーンの設置 ●使い捨てプラスチックの購買・使用抑制 ●給食等での食器のリサイクル ●プラスチック・ゴミを活用したアートの促進
地域	●公共施設での自然採光の利用促進 ●化石燃料を使用しない設備投資 ●エネルギー学習会の開催 ●公共施設での使用電力の自己モニター ●ご当地エネルギーの選択 ●持続可能なエネルギー方針の作成	●レジ袋廃止・回収への理解促進 ●共有地の畑のシェア促進 ●賞味期限切れの商品の有効活用 ●子ども食堂への協力 ●無農薬・低農薬食品の奨励	●使い捨てプラスチックの販売・使用抑制 ●リサイクル・システムの構築 ●プラスチック・フリーゾーンの設置 ●ゴミアートの展示促進 ●モール等でのゴミ・オーケストラ等による実演

出典：①UNESCO and UNEP (2002/2008) *youthXchange: Training Kit on Responsible Consumption – The Guide*; ②UNESCO and UNEP (2011) *youthXchange: Climate Change and Lifestyles Guidebook*.;

交通 (観光)	レジャー (エンターテインメント)	買い物	お金 (投資)
●自転車通学・通勤 ●車など化石燃料使用手段を控える ●カー・シェアリングへの参加 ●飛行機利用を控える ●グリーン・ツーリズムへの参加	●サイクリングやカヌーなど、ローカーボン・スポーツへの参加 ●自然と親しむキャンプなどの実践 ●ゴミを出さない荷造りの徹底	●エシカル消費の実践 ●服のリサイクルとアップサイクル ●フェアトレード商品の購入	●銀行の選択 ●ダイベストメントの実践
●自動車通勤の抑制 ●自動車利用の制限 ●自転車利用やカーシェアリングの奨励 ●自宅勤務の奨励 ●フード・マイレージへの配慮 ●CO_2削減の遠足や修学旅行の交通手段	●自然への畏敬をもつための学習 ●自然への親しみをもつための学習 ●ローカーボン・スポーツに関する学習と実践 ●遠足や出張等でのゴミを出さない旅支度	●エコ・ラベルの学習 ●エシカル消費の学習 ●アニマル・ライツなど、商品の動植物への影響力の調査 ●フェアトレード商品の購入 ●マーケット戦略への批判的思考の育成 ●エコ・デザイン商品の購入 ●CSR(企業の社会的責任)の徹底	●銀行の選択 ●ダイベストメントの実践
●共有地の開放 ●自動車利用制限 ●地産地消の奨励 ●自転車利用の奨励	●気候フレンドリーなアート展の招致 ●キャンプ場等の利用促進 ●レジャー施設での地産地消の奨励 ●イベントでのゴミ・リサイクル	●エシカル消費やフェアトレード商品の奨励 ●ラベル表示の徹底 ●持続可能な生産と消費への理解促進	●グリーン・ジョブの創出 ●地域密着型の銀行の活用 ●地域通貨の導入・普及

③UNESCO and UNEP (2015) *youthXchange: Biodiversity and Lifestyles Guidebook*; ④UNESCO and UNEP (2016) *youthXchange: Green SKills and Lifestyles Guidebook*. をもとに筆者作成。以上①〜④すべて United Nations Publications より刊行

水・食
Water and food

私たちの身の回りにある製品や食料の生産・加工過程で水が使われていない物は皆無に等しいでしょう。「水資源が豊かな日本」といわれていますが、日本は水の輸入大国であり、その消費活動を想定するなら、水不足が常態化している「水ストレス」の国であるという見方もできます。また、経済成長著しいアジアの水使用量は急増しているのです。

世界各国の水ストレス
供給するための取水量の割合

- 水ストレスが高い状態（80％以上）
- （40〜80％）
- （20〜40％）
- （10〜20％）
- 水ストレスが低い状態（10％以下）

出典：World Resourses Institute

日本のバーチャル・ウォーターの輸入量（2005年）
出典：環境省「平成25年度版　環境循環型社会・生物多様性白書」
[単位：億m³/年]

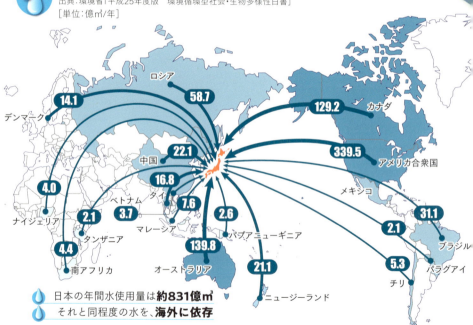

- デンマーク 14.1
- ロシア 58.7
- カナダ 129.2
- アメリカ合衆国 339.5
- 中国 22.1
- ナイジェリア 4.0
- ベトナム 3.7
- タイ 16.8
- タンザニア 2.1
- マレーシア 7.6
- パプアニューギニア 2.6
- メキシコ 2.1
- ブラジル 31.1
- 南アフリカ 4.4
- オーストラリア 139.8
- ニュージーランド 21.1
- チリ 5.3
- パラグアイ

日本の年間水使用量は**約831億m³**
それと同程度の水を、**海外に依存**

急増する水使用量 [単位：億トン]
出典：国土交通省「国際的な水資源問題への対応」
UNESCO "World Water Resourses at tha Beginning of the 21st Century"（2003年）

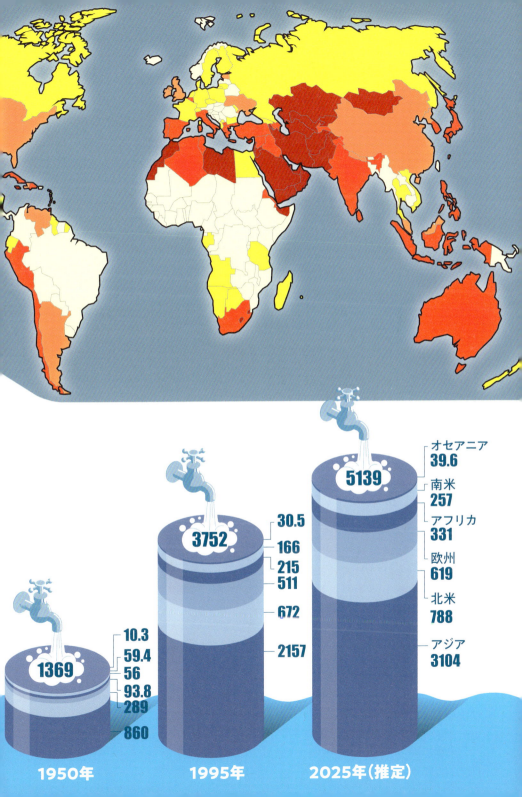

2-1 水・食と気候変動

ハンバーガーにどれだけの水が使われているのか、
お分かりでしょうか？
コップ1杯ほどでしょうか？
それともバケツ1杯ほどでしょうか？

　10分もかからずして平らげてしまう1個のハンバーガーにどれだけの水が使われているのかについて、『カナディアン・ジオグラフィック』という雑誌に掲載された詳しい説明があります。

　ビーフ（150グラム）には1,615リットル、チーズ（30グラム）には150リットル、野菜（35グラム）には5〜10リットル、ベーコン（60グラム）には230リットル、パン（50グラム）には70リットル、スプーン1杯の辛子やマヨネーズなどの調味料にも60〜100リットル、合計で少なく見積もっても2,130リットルもの水が使われています。

　ハンバーガーが身近なカナダ人、いや私たち現代人にとって、立ち止まって考えてしまうような数値だといえましょう。プロローグで宇宙飛行士の野口聡一さんの言葉を掲げましたが、食をめぐる私たちのライフ

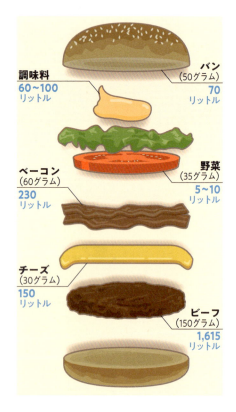

図1　ハンバーガーの素材になるまでに使われる水量

出典：Canadian Geographic. July/August 2018,138(4), p.26-27.をもとに筆者作成

スタイルは果たして「持続可能な"社会"」につながるといえるでしょうか。

実際に目には見えないけれど、商品などの一部になる過程で使われた水の総量のことを「仮想水」（バーチャル・ウォーター）と呼びます。つまり、食料を輸入するということは、食料そのもののみならず、目に見えない水も輸入しているという考えです。

例えば、オレンジジュース1杯のバーチャル・ウォーターは500ミリリットルのペットボトル340本分（＝170リットル）に相当。カレーライス1皿に使われるのはペットボトル2,190本分にもなります。（環境省水・大気環境局ホームページ「Web漫画 MOEカフェ」）

日本は、カナダと同様に水に恵まれた国です。多くの住民が毎晩のようにお風呂でくつろげる国は決して多くはありません。しかし、食料自給率が4割ほどであり、諸外国に多くの食料を依存している現実を考えると、実は日本は水の輸入大国でもあります（P38参照）。海外の水不足などの水問題は私たちの生活と切っても切り離せないのです。

● 気候変動と水・食

ここで気候変動と水の関係を述べておきます。温暖化の影響は地球上の水の循環に大きな変化を起こしています。実際に日本を含めた世界中の人々が近年実感しているように、各地で豪雨や洪水の頻度が高まっています。最高峰にある氷河は消失し、河川流が増え、流域で暮らす多くの人々の生活は脅かされています。また反対にアフリカや西アジアのように乾燥地がさらに干上がり、生活用水や農業用水に多大な影響を与えることも予想されています。

世界は、近年水資源の豊かな国とそうでない国、つまり水不足がほぼ常態化している国とに分かれつつあります。極度の水不足にある状態を「水ストレス」と呼び、世界各地でストレスは増すであろうという予測があります（P38-39上図参照）。

しかし、水資源が豊かであるといわれている日本ですが、大量の仮想水を使っているライフスタイルを考えれば、水問題を抱えている国の状況悪化に加担しているといわざるを得ません。

次に野菜や肉などの食と気候変動との関係を考えてみたいと思います。フードマイレージ（food mileage）という概念があります。それは、食料を輸送する距離という意味であり、食料の輸送量と輸送距離を定量的に捉える指標です。地産地消ならまだしも、食料を輸入する

と、当然にフードマイレージは高くなり、CO_2削減とは逆行することになります。食料自給率が4割ほどの、食料輸入大国である日本は温暖化に相当加担しているのです。

　農業は地球温暖化を促進する大きな要因となっており、農業分野の温室効果ガス排出量は、自動車とトラック、鉄道、飛行機からの排出総量を上回っているという事実にも注目する必要があります。

　さらに私たちが再考しなければならないのは、こうして多くの水を使い、CO_2を排出しながら届く食物をたくさん廃棄しているという問題です。

　以上から、日本は食料自給率が相当に低く、輸入される食材・食料が当たり前のように店頭に並んでいますが、それらが多くの仮想水とフードマイレージを費やしてそこに置かれていることを思えば、特に都会の食生活は気候変動と切っても切り離せないことが分かります。

● **希望へのアクション**

　前述の仮想水の過剰さや食料自給率の低さを目前にすると、絶望に駆り立てられる人も少なくないでしょう。されど、足元から地道に続けられている運動は国内外にあります。紙幅の関係上ごく一部となりますが、ここにユニークな取り組みを紹介します。

1. セカンドハーベスト・ジャパン（2HJ） [*1]

　ここまで述べてきたように、食や水は気候変動と切っても切り離せない関係があります。過剰に使用されている仮想水と拡大傾向にある水不足の問題、そして大量に捨てられる食べ物と不足する食べ物の問題は、温暖化の緩和を考えると早急に対処すべき課題です。

　こうした問題を足元から解決するアクションの一つが「セカンドハーベスト・ジャパン（2HJ）」によるフードバンクの取り組みです。

　フードバンクとは「食料銀行」を意味し、まだまだ食べられるのに処分されてしまう多くの食物を食べ物に困っている施設や個人に届ける社会福祉活動で、1960年代終わり頃から全米で普及してきた市民による運動です。そこで目指しているのは「すべての人が、経済レベルに関係なく、明日の食事について心配することなく、いつでも必要な時に栄養のある食べ物を得ることができる社会」づくりです。2HJは健康を維持するのに十分な食べ物を提供するために、食料不足に悩む母子や生活困窮者、児童や障害者を対象にした福祉施設などに食品の提供を行い、多くの成果を挙げています。

　以上はフードバンクの取り組みに

ついてですが、こうした食料支援のほか、フードセーフティネットという、より大きな概念のもとに、北米、欧米、香港では、パントリー（個人への食料支援拠点）や配食サービス、低所得者向けの低価格スーパーマーケットの運営、子ども向け朝食提供サービス、バックパックプログラム（学校で生徒が食料を受け取るサービス）、支援団体・NPOから本人への食品提供なども展開されています。日本でも、フードバンク以外に、ハーベスト・キッチン（炊き出し）や、安定した食生活がままならない貧困層の子どもらを対象にした子どもの成長をみんなで支援するKids café（キッズ・カフェ子ども食堂）の運営支援も行われています。

2. アジア学院 *2

栃木県那須塩原市にある農村指導者養成専門学校です。アジアのノーベル賞といわれるマグサイサイ賞受賞者でもある故高見敏弘氏が1973年に創設しました。

アジアやアフリカなどの途上国から、世界各地の団体の推薦を受けた農村等のリーダー30人ほどを毎年6ヘクタールのキャンパスに受け入れ、半世紀近くにわたり、人と地球にやさしい農業体験を通して平和の種を育んできた「奇跡の共同体」です。

弱者の上に立つのではなく、謙虚に自らの実践を通して仕えることを目指すサーバント・リーダー（仕える指導者）を養成し、これまでの卒業生は58カ国に及び、1,300人を超えています（2019年1月現在）。9カ月の研修と共同体での生活を通して、持続可能な農業による食料生産と食料自給に関する知識や技能のみならず、これからの地球社会に求められる価値観や正義感などを習得する彼（女）らは世界各地に広がる「平和の使徒」ともいえましょう。

卒業生は皆、地球温暖化に適応し、緩和する農業の手法と暮らしの作法、そして過度なCO_2を排出しない持続可能な生業と生活のスタイルを習得するリーダーになることが期待されています。筆者は、評議員の一人としてカリキュラムづくりに関わり、気候変動に関する授業を受けもっていますが、他の学校と比べて最もユニークなのは学生たちが地球温暖化に対しても正義感、つまり気候正義（クライメート・ジャスティス）をもって学ぼうとしている点です。アジア学院は、人材養成という言葉では表しきれないほどの深い次元の変容を伴った人づくりの学校なのです。

（永田佳之）

*1 *http://2hj.org* （最終閲覧日：2019年2月28日）
*2 *http://www.ari-edu.org*（最終閲覧日：2019年2月28日）

column 02

ともに暮らす家を大切に

　カトリック教会の教皇フランシスコは、就任3年目の2015年に回勅『ラウダート・シ ─ともに暮らす家を大切に』を出されました。前書きでは、「無関心でいられるものはこの世に何一つありません」「同じ懸念に結ばれて」「わたしの訴え」という項目が並び、この問題を人類全体の緊急で具体的な課題として、呼びかけています。気候変動の危険にさらされている地球を「ともに暮らす家」と表現されたのです。目次をいくつか拾うだけでも内容が見えてきます。第一章「ともに暮らす家で起きていること」には、汚染、廃棄物、使い捨て文化、共有財としての気候、水問題、生物多様性の喪失、生活の質の低下と社会の崩壊、地球規模の不平等、反応の鈍さ、さまざまな意見、などの言葉が並んでいます。第五章は「方向転換の指針と行動の概要」、第六章は「エコロジカルな教育とエコロジカルな霊性」です。歴代教皇の地球環境に関する先見的な懸念と、訴え、提案を論じた後、緊迫している現代の気候変動、環境問題について広くダイナミックに分かりやすく具体的に述べています。

　日本のカトリック教会の指導的な立場にある司教協議会は、2001年に出した『いのちへのまなざし』という文書を2017年に時代に合わせて改訂する時に、この回勅に言及して、「いのちを脅かすもの」という章の最初に「環境問題」を挙げています。その特徴は、「地球環境問題は、自然資源枯渇や汚染だけの問題ではなく貧困、紛争、難民、人権、保健衛生、雇用、福祉、教育、ジェンダーなど、多様な社会問題と相互に関連したものであり、貧困問題の解決なくして環境問題の解決はない」という国連人間環境会議の理解で論じていることです。さらに、フランシスコ教皇が提示した「総合的エコロジー」という概念が、これまで教会が人間の望ましいあり方として捉えてきた「神との調和」「自己との調和」「人間相互の調和」に「自然との調和」を加えたことを伝えています。カトリック教会には

「ラウダート・シ─ともに暮らす家を大切に」のキャンペーンポスター

　1960年代から正義と平和協議会という活動が全世界レベルで、また各国レベルで重要視されていますが、これにも最近「創造界の統合」という要素が加えられました。創造界とか被造物と訳される語は、この世界は神によって創造されたというカトリック教会の理解による表現です。地球環境を健全に維持することはすべての人間に正義が行われることとそれによる平和と密接につながっていると理解しています。

　カトリック教会では他のキリスト教会と共に、9月2日を「被造物を大切にする世界祈願日」としています。2018年のこの日に教皇フランシスコは、水や海域に焦点をあて、「……政治という崇高な奉仕に携わるすべての人に願い求めましょう。細心の注意を要する現代の諸問題─移住、気候変動、基本財を享受するというすべての人に与えられた権利に関わる問題が、責任感、未来を見通す力、寛大な心、そして連帯的精神、とりわけ最も余裕のある国々の連帯精神をもって対処されますように」と述べています。さらに回勅でもこのメッセージでもこの問題のために尽力している人々への感謝を表現しています。この回勅の題である「ラウダート・シ」はアシジのフランシスコの美しい自然賛歌の冒頭です。

　神が創られたこのすばらしい世界、自然界を健全に保ち、人間の生活を豊かにすることは今や、政治、経済、学問、地域社会、家庭、教育他すべての領域で扱われるべきという提示がこの問題がいかに緊急な課題であるということを表しています。

岩井慶子　シスター（聖心会）

参考文献
教皇フランシスコ(2016)『回勅 ラウダート・シ』カトリック中央協議会
日本カトリック司教団(2017)『いのちへのまなざし』カトリック中央協議会
カトリック中央協議会ホームページ

エネルギー

日本では、家庭やオフィス等におけるエネルギー消費量は全体の約3分の1を占めています。家庭では、暖房、照明、給湯、家電などに使用されています。健康・快適な生活を保ちつつ省エネルギーを図る方法について考えましょう。

家庭部門におけるエネルギー消費の割合
出典：資源エネルギー庁の資料

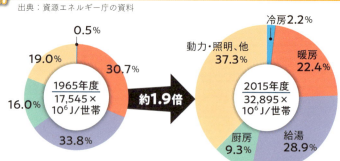

(注1) 1990年度以降、数値の算出方法が変更されている
(注2) 構成比は端数処理(四捨五入)の関係で合計が100%とならないことがある

家庭用エネルギー消費機器の保有状況
出典：内閣府「消費動向調査（二人以上の世帯）」をもとに資源エネルギー庁が作成した資料
(注1) カラーテレビのうち、ブラウン管テレビは2012年度調査で終了
(注2) 電気冷蔵庫は2003年度調査で終了

保有率
(台/100世帯)

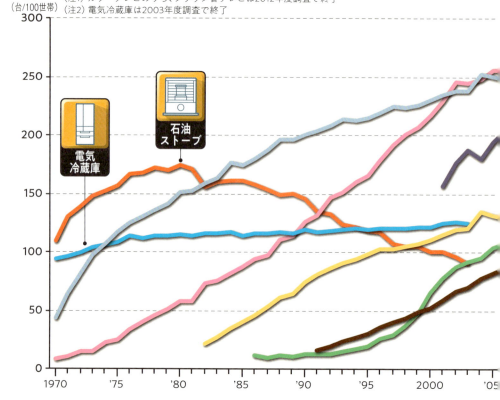

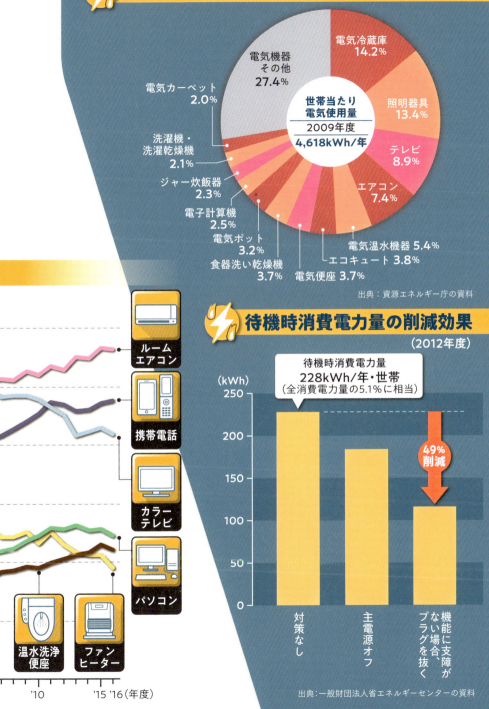

家庭で使われるエネルギーと気候変動

　家庭などで私たちが日常的に使っているエネルギーと気候変動とはどのように関わっているでしょうか。日本のエネルギー消費量のデータを見ると、実は、家庭部門は13.8%、オフィスなどの業務他部門では18.2%であり、これらの生活の場でのエネルギー消費量は、全体の約3分の1を占めていることが分かります(図1)。

　日本全体の最終エネルギー消費量は2004年度をピークに減少傾向を示してきています。これは、原油価格などの影響、省エネルギーの進展、2011年度の東日本大震災以降の節電意識の高まりなどの影響によるものです。経済活動と省エネルギーを両立させつつ、さらなる省エネルギーが今後も求められますが、実は、家庭部門やオフィスなどの業務他部門のエネルギー消費割合は増加する傾向にあるので、この部分をいかに減らしていくかが鍵となっています。

　詳しく見ていくと、産業部門は第1次石油ショック以降、製造業を中

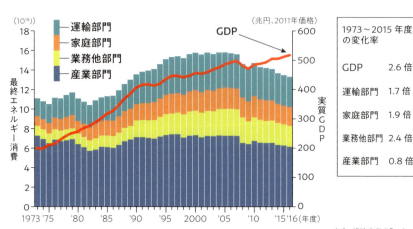

図1　最終エネルギー消費と実質GDPの推移

出典：経済産業省「エネルギー白書2017」をもとに筆者作成

表1　エネルギー起源二酸化炭素の削減目標

	2030年度の各部門の排出量の目安	2013年度（2005年度）	2013年度に比べた2030年度目標排出量の削減割合
エネルギー起源 CO_2	927	1,235（1,219）	約25%
産業部門	401	429（457）	約7%
業務その他部門	168	279（239）	約40%
家庭部門	122	201（180）	約40%
運輸部門	163	225（240）	約28%
エネルギー転換部門	73	101（104）	約28%

出典：環境省（2015）「日本の約束草案（2020年以降の新たな温室効果ガス排出削減目標）」をもとに筆者作成

心に省エネルギー化が進んだことから経済成長しつつもほとんど増加することなく推移していますが、家庭やオフィス、運輸などの部門では、快適さや利便性を求めるライフスタイルが浸透し増加しています。1973年度から2015年度までの伸びは、オフィスなどの業務他部門で2.4倍、家庭部門で1.9倍、運輸部門で1.7倍、産業部門で0.8倍です。

2015年に、フランスのパリで国連気候変動枠組条約第21回締約国会議（COP21）が開催され、2020年以降の気候変動問題に関する、国際的な枠組みである「パリ協定」が成立しました。パリ協定では、産業革命前から比べて気温上昇を2℃未満に抑える（可能な限り1.5℃未満に抑える努力をする）ことを目標としています。日本は、中期目標として、2030年度の温室効果ガスの排出を、国内の排出削減および吸収量の確保により、2013年度の水準から26%削減することを定めています。この日本の約束草案の詳細を見ると、特に、家庭部門、業務他部門の2030年度までのエネルギー起源二酸化炭素（CO_2）の削減目標は、2013年度の水準から、ともに4割減とすることが定められており（表1）、私たちの身近な生活におけるエネルギーを削減することが、急務となっていることが分かります。

CO_2排出量が少ない社会を構築するために、家庭ではどのような取り組みができるでしょうか。家庭における用途別エネルギー消費割合（図2）を見ると、日本の家庭では、動力（冷蔵庫やテレビなどの家電を含む）や照明が約37%、次いで、給湯が約29%、暖房が約22%という割合となっています。

取り組みとしては、まず、電気やガス、灯油などの直接的なエネルギー消費を低く抑えることが大切です。こまめに不要なスイッチを消す、冷暖房の設定温度を検討する等が例として挙げられるでしょう。さらに、それだけではなく、エネルギーの効率の良い機器を選択したり、冷暖房の効率をよくするために断熱性能などの住宅の性能を向上させたり

することも重要です。

　住宅の断熱で特に重要となるのは、窓ガラス部分などの開口部の断熱性能を高めることです。リフォームなどの予定があれば、断熱サッシにする、ペアガラスなどの断熱性の高いガラスを使用する、既存の窓の内側に新しく内窓を設置して二重窓にするなどの方法もあるので検討してみてください。近年では、ZEH（ネット・ゼロ・エネルギー・ハウス）という、年間の一次エネルギー消費量の収支をゼロとすることを目指した住宅も注目されています。住宅の断熱性能等を大幅に向上させ、高効率な設備システムを導入することで、室内環境の質を維持しつつ大幅な省エネルギーを実現し、さらに再生可能エネルギーを導入するという技術が取り入れられています。

　住宅の新築やリフォームは難しい、という方が多いかもしれません。夏にはすだれ、植栽、ブラインドなどを利用して日射を遮蔽し暑さを防ぎ、冬には日中はなるべく太陽の光と熱を室内に入れて、夜には長めのカーテンをして窓を下方まで覆うことで室内の熱が逃げないようにするなど、住まい方を工夫することから省エネルギー対策を始めてみると、より快適に、より省エネに過ごすことができます。

　家庭では、家電などに使われる動

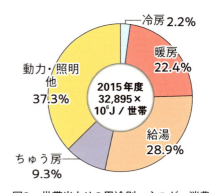

図2　世帯当たりの用途別エネルギー消費
出典：経済産業省「エネルギー白書2017」をもとに筆者作成

力や照明、また冷暖房のエネルギーが大きくなっています。特に家庭でのエネルギー消費の多いエアコン、テレビ、電気冷蔵庫、電気冷凍庫、電気便座、家庭用の蛍光灯器具には、「エネルギー使用の合理化に関する法律」（省エネ法）に基づき、小売事業者が省エネ性能の評価や省エネルギーラベル等を表示し、その製品の省エネ性能の位置づけ等を表示する「統一省エネルギーラベル」というラベリング制度もあります。製品を選ぶ時に参考にしてみてください（図3）。

　また、家電には、待機時消費電力という、使用していない時に定常的に消費されている電力があります。この待機時消費電力は1世帯当たりの年間の全消費電力の約5％を占めています。こまめに主電源を切ったり、使わない機器では、コンセントからプラグを抜いたりするこ

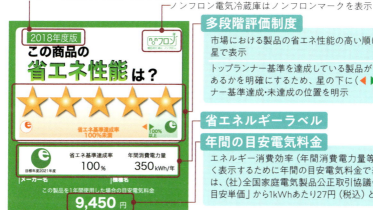

図3　統一省エネルギーラベルの一例

とが効果的です。近年では、待機時消費電力が小さい製品が増えてきているので、新しい機器を購入する際に比較検討するのもよいでしょう。

　住宅のエネルギーの3割弱は、給湯エネルギーによるものであることは注目に値します。家庭における湯の使い方が、省エネルギー性にも大きく関係しているのです。給湯エネルギーとしては、入浴に関するもの、調理や片づけ、洗濯に使うものなどが挙げられます。例えば、シャワーの使い方を見直してみましょう。通常のシャワーの水量は意外に多く、1分間で約12リットル、つまり、1分間で2リットルのペットボトル6本分の湯を使っています。こまめに手元のボタンで湯を出したり止めたりすることができる節水用のシャワーヘッドや、少ない水量でも満足感を与えるように水圧を調節できるようなシャワーヘッドなどを用いると、水が節約されるだけでなく、水から湯へと温度を上げるために必要なエネルギーの節約も期待できます。また、日本では、湯船にお湯を張って、入浴する習慣がありますが、湯温を下げずに利用するためには、家族で時間をあけずに入浴したり、保温用のふたを使用したりするなどの工夫が有効です。

　以上のように、私たちの生活レベルを快適、健康に保ちながら、効率よく、限られたエネルギーを使用する工夫を行うことが、気候変動対策としても重要です。身近な生活の中における省エネルギーを行う余地がまだまだたくさんあります。できることから工夫を積み重ねてみませんか。

（西原直枝）

column 03

日本の課題と可能性

　東京電力福島第1原発事故から8年が経過しました。この間、石炭や石油などの化石燃料や原子力発電から、風力発電や太陽光発電などの自然エネルギーへ、世界史的なエネルギー大転換が加速しています。

　原発の世界全体の設備容量は約4億キロワットで停滞したままですが、世界の風力発電は2015年に、太陽光発電は2017年までに、それぞれ原発を追い抜き、なお加速度的に拡大しています。北海の洋上風力は補助金なしで建設されるほどコストが下がり、また中東やメキシコの太陽光発電が1キロワット時当たり2円を下回るなど、発電コストが急速に安くなりつつある結果、多くの国や地域で自然エネルギーは今や、石炭火力と同等かむしろ安くなりました。

　ほんの数年前までは、夢物語として誰も取り合わなかった「自然エネルギー100％」も、アップルやグーグルなどこれを目指すグローバル企業が急増しつつあるほか、コペンハーゲンやバンクーバーといった大都市やデンマークやアイスランドなど「自然エネルギー100％」を目指す国・地域が世界中で急増しています。

　このため、これまで自然エネルギーに消極的だった日本政府でさえ、国の基本計画で「自然エネルギーの主力電源化」と掲げるようになりました。

　とはいえ、日本のエネルギー政策の内実は大きく立ち後れています。自ら壊滅的な事故を引き起こしながら原発を維持し、地球温暖化対策を唱えつつ石炭火力を拡大しようとしているのです。しかも、クリーンな純国産エネルギーであるはずの自然エネルギーに対しては「送電線の空き容量がゼロだ」と主張して接続を拒み、送電網につなぐための法外な負担金を請求する地域独占の電力会社の壁が立ちはだかっています。

　他方では、各地で外資系など大手資本による巨大な太陽光発電開発で自然破壊が目立ち、地域社会との紛争が勃発しています。にもかかわらず、国が大手資本しか参入できない制度を導入したため、地域主導の「ご当地電力」の参入は阻まれ、地域社会での紛争や対立がさらに助長される恐れがあります。

ご当地型の太陽光発電(熊本県水俣市)

　ところで日本社会の世論は、福島原発事故によって「原発容認」から「原発不要」へと大きくスイングしました。それが社会的な土壌となって、地域で自らのエネルギーづくりに取り組む人たちが、福島をはじめ全国各地で澎湃と沸き起こり、全国で大小約250もの「ご当地電力」が誕生しています。

　北欧やドイツでは、太陽エネルギーと農業の生産・消費・再生を一連の循環として捉え、農家が自然エネルギーの中心的な役割を担っています。縦割りと農地規制の厳しい日本でも、農業と太陽光発電を同時に行う「営農型発電」（ソーラーシェアリング）が関心を集め始めました。

　地方自治体が電力や熱を供給するドイツの地域エネルギー会社「シュタットベルケ」も、かつての民営化の流れから一転、ハンブルクのように住民投票で買い戻す「再公有化」の流れに変わりました。一昨年に電力小売り全面自由化が始まった日本でも、ドイツに倣った「日本版シュタットベルケ」がいくつかの自治体で始まったところです。

　電力だけでなく、太陽熱温水など地域にある自然エネルギーの温熱と電気を統合した北欧の高効率な地域熱供給の導入を目指す自治体も出てきました。

　こうした大規模集中型エネルギーから地域分散ネットワーク型への構造転換は、多数の地域や市民が自ら参加するボトムアップ型のエネルギー転換です。これは、今日のエネルギー大転換を引き起こしつつある要因としては、自然エネルギーのコスト低下という市場の力に加えて、もう一つの、より重要な原動力といえるのではないでしょうか。国の立ち遅れたエネルギー政策も、電力会社の「壁」も、このエネルギー民主主義のうねりが必ず乗り越えてゆくと確信しています。

　地方自治体は、自然エネルギーへの住民参加と地産地消が地域を豊かにすることを積極的に自覚し、これを実現する政策や実践を率先すること、地方創生を唱える政府はその背中を押すことが重要といえるでしょう。

飯田哲也　環境エネルギー政策研究所所長

ゴミ / garbage

中国は世界各地からプラスチックゴミを大量に輸入してきました。ところが、2018年から実質的に輸入を止めたため、それまで輸出されていた各国のゴミが行き場を失っており、日本も例外ではありません。2018年の国連環境

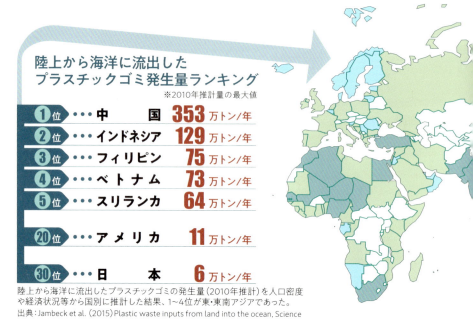

陸上から海洋に流出したプラスチックゴミ発生量ランキング
※2010年推計量の最大値

順位	国	発生量
1位	中国	353万トン/年
2位	インドネシア	129万トン/年
3位	フィリピン	75万トン/年
4位	ベトナム	73万トン/年
5位	スリランカ	64万トン/年
20位	アメリカ	11万トン/年
30位	日本	6万トン/年

陸上から海洋に流出したプラスチックゴミの発生量(2010年推計)を人口密度や経済状況等から国別に推計した結果、1〜4位が東・東南アジアであった。
出典:Jambeck et al. (2015) Plastic waste inputs from land into the ocean, Science

中国のプラスチックゴミの輸入量（2016年）

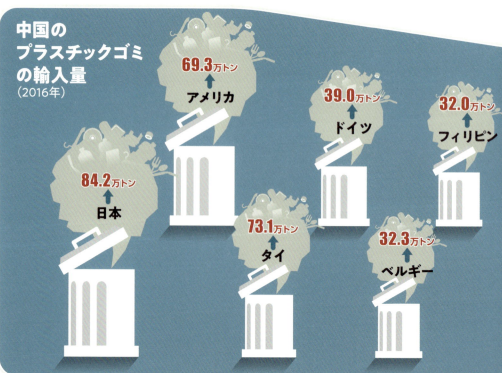

- 日本 84.2万トン
- アメリカ 69.3万トン
- タイ 73.1万トン
- ドイツ 39.0万トン
- ベルギー 32.3万トン
- フィリピン 32.0万トン

計画(UNEP)の報告書によると、日本は1人当たりの使い捨てプラスチックゴミの発生量が年間約32kg(2014年)であり、米国に次いで世界第2位です。

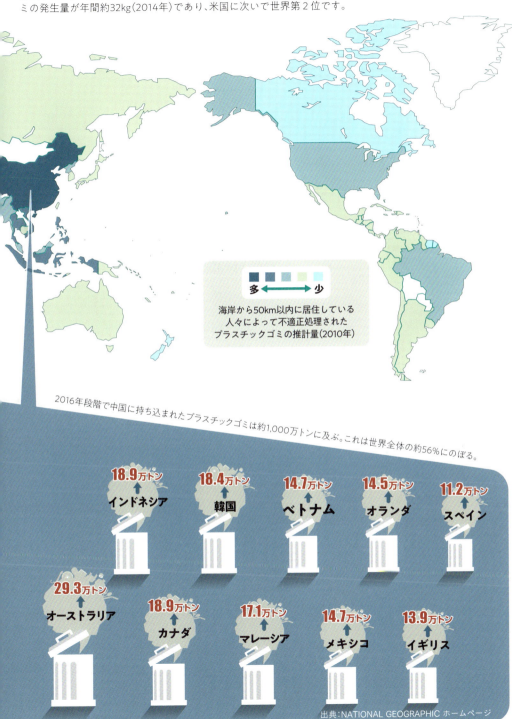

ゴミと気候変動

この写真は長崎県の五島列島でアジア諸国の若者たちとESDのセミナーを開いた時にフィールドワークで訪れた白砂海岸です。本来、とても美しい海岸に日本のみならず韓国や中国などから漂流してきたゴミが打ち上げられています

　なぜ人間だけがゴミを出すのでしょう……このように問われたら、どのように答えますか？　もちろん野生の動物でも食べ散らかすこともあれば、排泄することもあります。しかし、それらは鳥が食べた樹木の実が他の地に運ばれて再び実るというように、むしろ自然界の循環の中に組み込まれている営みであるといえます。

　人間による開発の功罪の「罪」の方は、こうした自然の循環の営みから外れ、文字どおり常軌を逸した生産活動をしてきたことであるといえましょう。プラスチックから核廃棄物まで人間の力では科学技術を駆使しても自然界に戻せないものを発明し手に余ってしまっている、そんな自業自得といわれても仕方ない発展を人類は遂げてきました。

　気候変動との関わりを述べます。過剰な消費活動、つまり大量生産・消費・廃棄に至るまでの過程で生み出されたゴミですが、生産過程でCO_2を出しているにも関わらず、大量に捨てられ、その多くは燃焼時にさらにCO_2を出すという問題があります。

　日本では、人口減少や環境問題への意識の高まりもあり、ゴミの総量自体は2000年を境に徐々に減少の傾向にありますが[*1]、世界規模で見ると、廃棄物の総量は、特に経済成長の著しいアジア諸国で増える傾向にあります[*2]。

　特にプラスチックは近年、注目を

集めており、CO_2排出の観点から見ると喫緊の課題です。主な原料は石油であり、製品をつくる過程でCO_2を排出しているのみならず、一般廃棄物（事業系ゴミが約3割で生活系ゴミが約7割）の大部分が焼却処分されているという問題があります[*3]。

2017年から翌年にかけて、各国から大量のゴミを受け入れ、「世界のゴミ捨て場」といわれてきた中国がゴミの輸入を中止すると公表しました。このことに伴い、日本をはじめとした各国でゴミ処理が間に合わないという現実があり、行き場を失ったプラスチック等のゴミは待ったなしの現況にあります（P54-55参照）。

● 海洋プラスチック問題

こうした関心が高まる中、海洋プラスチック問題が世界的に衆目を集めるようになりました。

鼻腔を詰まらせた大きなカメがコスタリカ沖で発見され、ペンチで中に入っているものを抜こうとするがなかなか抜けない……そんなビデオを見たことがある人もいると思います。8分に及ぶ痛々しい救出劇の末、中から出てきたのはプラスチック・ストローでした。この流血シーンはYouTube等で一気に世界を駆け巡り、瞬く間にプラスチック・ストローをはじめとした使い捨てプラスチックが注目されるようになりました。こうした犠牲となった海洋生物の生々しい写真や映像を通してストローをはじめとしたプラスチックによる海洋生物や人体への被害は徐々に広く知られるに至ったのです。

2016年の世界経済フォーラム（ダボス会議）では、毎年800万トンものプラスチックが海に流され、このペースだと2050年には海洋では魚よりもプラスチックの量のほうが多くなるという見方を発表し、話題を呼びました。

実際に、世界的に見ると、捨てられたプラスチック製品でリサイクルされているのは14%にとどまります。その他は、海洋に捨てられるなど、不適正に処理されている場合が少なくありません。

海洋プラスチックで特に問題になっているのが、5mmよりも小さな片のマイクロ・プラスチックです。歯磨き粉やボディシャンプーなどの日用品に含まれ、下水処理をすり抜けて海へ流れ出ているものもあれば、海を漂流しているプラスチックが太陽光に当たったり、波の作用で磨耗し小さくなったりしてできるプラスチック片です。

また、繊維状のマイクロ・プラスチック・ファイバーも海に流出しています。食器を洗うスポンジ、フリー

スなどの化学繊維の洗濯時に発生し、結局、海に流れていきます。マイクロ・プラスチックはあまりに微細なために回収はできず、それらが付着したプランクトンを魚が食べ、魚が人体に与える影響も懸念されています。

海のどこにどのくらいのマイクロ・プラスチックが漂っているのかは正確には分かりませんが、銀河系の星の数の500倍という試算もあります（UNEP Newscentre, Feb 23, 2017）。環境省の調査によれば、日本近海には世界平均の30倍もの密度でプラスチックが見つかるという調査結果（2018年）も出ています。

こうした事態に対して国際社会は具体的に対応を始めました。2018年、カナダのシャルルボワで開催されたG7サミットでは、日本と米国を除く5カ国とEUは自国でのプラスチック規制強化を進める「海洋プラスチック憲章」に署名したのです。

その主な内容は次の通りです*4。

このサミットの同年9月にカナダのハリファクスで開かれたG7環境・海洋・エネルギー相会合で、低コストのゴミ回収リサイクル技術の開発や海洋汚染の適切な手法の確立に連携して取り組むことに合意しました。

その後、欧米を中心にプラスチック離れは急加速し続けています。米国コーヒーチェーン大手のスターバックスは2020年までにプラスチック製ストローを全廃すると発表し、マクドナルドは2025年までには全世界の全店舗でプラスチック製ストローの廃止に加え、ハンバーガーを包む包装紙や袋等のすべてのパッケージや製品をリサイクル可能な資源に切り替えることを目指すと発表しました。

デンマークの玩具会社であるレゴは2030年までにレゴ・ブロックの素材にプラスチックを使用するのをやめ、「持続可能な新素材」に変えることを公表しました。

日本企業も遅ればせながら、これぞ商機とばかりに、ぬれても強度が落ちない紙ストローや紙の臭いで風味を損なわないストローの開発を実現しつつあります。

● 希望へのアクション

とかく政府や企業の動向が大きく報じられる傾向にありますが、実は市民活動としては、多くの努力がつとに払われてきました。市民社会や研究者グループは、世界規模で広がるゴミ問題に対して手をこまねいているだけでなくさまざまな取り組みを行ってきたのです。プラスチック問題は深刻な問題ではありますが、世界では、元気に楽しくユーモアをもって解決しようとしている市民や

専門家がいます。ここでは、ごく一部となりますが、ユニークな取り組みを紹介します。

1. プレシャス・プラスチック

不要となったプラスチックを裁断機に入れて砕き、価値ある製品に加工するという国境を超えて広がる試みです。ビーチでもゴミ集積場でも「プラスチック・リサイクル・ワークスペース」をコンテナで造り、植木鉢や携帯カバーなどの価値あるものにつくり替えようという実践。ゴミであったプラスチックが加工プロセスによって役立つ価値あるものに生まれ変わるというワクワクする一連の過程はオンライン上でオープン・ソースとして公開されています[*5]。

2. ゴミを国家に！

太平洋に浮かぶ架空のプラスチックゴミの島を「Trash Isles（ゴミ諸島）」と命名し、国家として国連申請するというチャレンジです[*6]。環境NGOであるプラスチック・オーシャンズ（米国カリフォルニア）は、国家として認定されれば、国際的に注目されるという構想を立て、通貨やパスポートまでつくってしまいました。「国民」も、ミュージシャンのファレル・ウィリアムスや元米国副大統領のアル・ゴアが登録するなどして注目を集めています。

画像：Mario Kerkstra / Plastic Oceans Foundation / LADbible

3. テラサイクル

世界20カ国で取り組まれている「ゴミという概念を捨てる」活動。埋め立てられたり、焼却されたりする運命にあるゴミを「公共回収拠点」を通してリサイクルします。環境意識の高い提携企業が指定したゴミを回収すると、地域支援の寄付や商品と交換できます。例えば、歯ブラシはLION、プラスチック傘は若者に人気のアイスクリーム店のBen & Jerry'sが担当しています。このしくみを通して、これまでに21カ国で2,000万ドル以上の寄付が集まっています。

（永田佳之）

[*1] http://www.cjc.or.jp/j-school/a/a-2-2.html （最終閲覧日：2019年2月28日）

[*2] P4: https://www.pwmi.or.jp/pdf/panf1.pdf （最終閲覧日：2019年2月28日）

[*3] P3: https://www.pwmi.or.jp/pdf/panf1.pdf （最終閲覧日：2019年2月28日）

[*4] http://www.jean.jp/OceanPlasticsCharter_JEANver.ProvisionalFull-textTranslation.pdf （最終閲覧日：2019年2月28日）

[*5] https://yohoho.jp/17014 （最終閲覧日：2019年2月28日）

[*6] https://greenz.jp/2018/10/25/trash_isles/ （最終閲覧日：2019年2月28日）

社会のしくみが大きく変化

column 04

横浜市の野心的計画「Zero Carbon Yokohama」

横浜市の目指す姿(ゴール)
Zero Carbon Yokohama
(2018年度:横浜市地球温暖化対策実行計画より)

　横浜市は、18の行政区をもつ政令指定都市の一つで、370万人を超える日本の市区町村で人口が最も多い都市です。その横浜市が2018年に改定した横浜市地球温暖化対策実行計画の中で「Zero Carbon Yokohama」を掲げました。これは2050年も見据えて「今世紀後半のできるだけ早い時期における温室効果ガス実質排出ゼロ(脱炭素化)の実現」を目指す姿(ゴール)で、CO_2排出量大幅削減のための野心的で長期的な視点に立った計画です。横浜市地球温暖化対策実行計画では、「市民力と企業協働による取組促進」を基本方針の一つとして位置づけられています。

　脱炭素社会の実現のためには、市民・事業者・行政の協力で生まれる「連携の力」、脱炭素社会をイメージしてライフスタイルを変容させる「創造の力」、そして実際の行動につなげる「選択の力」を進めていかなければなりません。

　また、将来の社会を担う子どもたちのことを考えれば、今、私たちが将来に向けて気候変動のリスクをできるだけ低減させることはもちろん重要ですが、将来世代が子どもの頃から環境に配慮したライフスタイルを実践し、社会を担うプレーヤーになった時には自らがその時その時に応じて課題を発見し、解決していく能力をもつことが重要となります。

　横浜市では、市内の小学生が、夏休み期間中に省エネなどをテーマとした環境行動に取り組む「こども『エコ活。』大作戦！」を実施しています。2017年度は2万7,000人を超える参加者がいました。「横浜産の野菜や果物など(農畜産物)を食べよう」や「冷蔵庫のとびらを開ける時間をできるだけへらそう・すいとう(マイボトル)を使おう」など、具体的な環境配慮行動を「エコライフ・チェックシート」を使って実践し、日常生活の中の身近な行動から環境問題を考えるねらいがあります。

環境絵日記コンクール
(2014年度：横浜市エネルギーアクションプランより)

　また、横浜市資源リサイクル事業協同組合では、市内の小学生を対象とした「環境絵日記」コンクールを2000年から実施しており、2017年度には参加者が2万3,000人を超えました。2012年度からは、横浜市と連携し「環境未来都市」をテーマに応募の呼びかけを行い、2018年度には横浜市が「SDGs未来都市」および「自治体SDGsモデル事業」に選定されたことを受け、「環境絵日記展2018～環境未来都市からSDGs未来都市・横浜へ～」を開催して広く普及活動を行っています。

　環境絵日記は、小学生が夏休みの自由課題として、絵日記形式で環境問題等について考えていることを自由に表現する取り組みで、家族で環境問題を話し合う機会づくりを目的にしています。制作の過程で「今、社会では何が問題になっているのか。将来はどんな社会になってほしいのか。そのためには今から何をしなければならないのか」を家族で話し合うので、現代の世代と将来の世代が一緒に環境問題について考えることになります。

　横浜市の2016年度の温室効果ガス排出量は、前年度と比較して2.6％減少しました（速報値）。減少の要因としては、市民および事業者による省エネの取り組みによりエネルギー消費量が減少したことなどが挙げられています。国連気候変動枠組条約第23回締約国会議（COP23）では「脱炭素化」に向けた企業や自治体、研究機関、NGOなど、あらゆる主体の役割が確認されました。これからの気候変動対策は、「連携の力」、「創造の力」、「選択の力」が重要なキーワードとなります。多様な取り組みを多様なセクターが行うことで、子どもたちが、そして家族や地域の企業も一緒に環境活動に参加する機会が生まれていくのではないでしょうか。

戸川孝則　横浜市資源リサイクル事業協同組合企画室室長

ファッション fashion

服は、私たちの手元に届くまでの各過程（生産・製造、搬入・運搬、販売など）で、多くのエネルギーを消費しています。多くの服を海外から輸入している日本は、1人当たりの服に関する二酸化炭素排出量が世界で最も高くなっています。

衣服の国際貿易に組みこまれたCO_2排出の移動

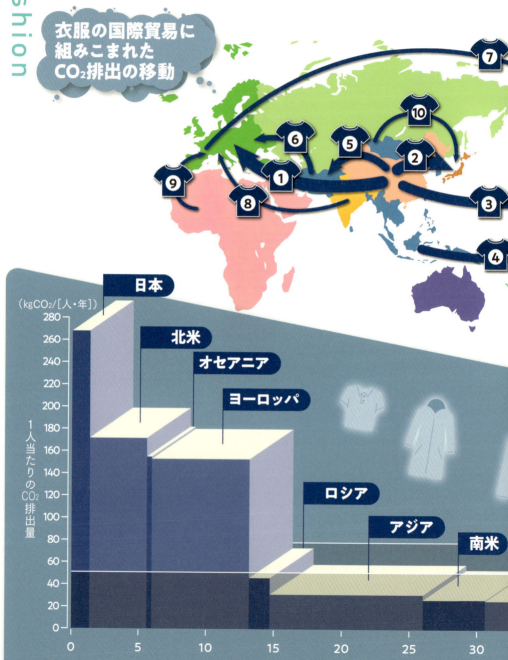

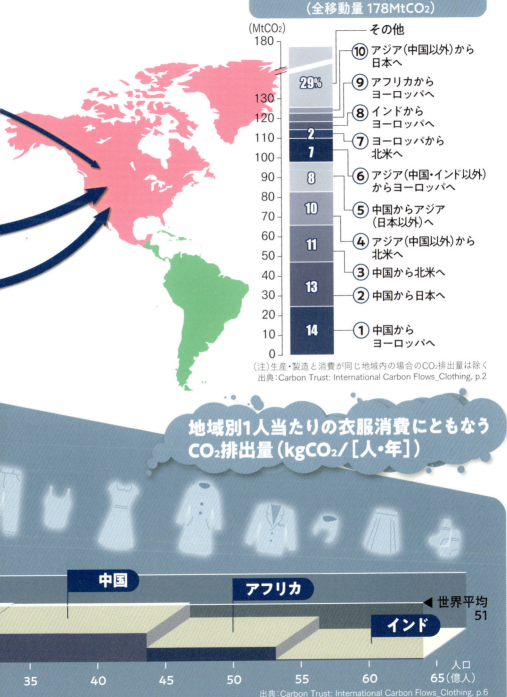

1枚のTシャツから考える気候変動

　あなたはどのくらいの量の服を持っているでしょうか。タンスやクローゼットの中をのぞいてみてください。色々な種類の服があると思いますが、そのうちTシャツに着目してみましょう。あなたはTシャツを何枚くらい持っていますか。もしかしたら、捨てなければならないほどは傷んではなくても、流行おくれになってしまったり、サイズが合わなくなってしまったり、その他、何らかの理由で着ることがなくなってしまったTシャツが眠っているかもしれませんね。ここでは、私たちの衣生活が気候変動とどのように関わっているのか、1枚のTシャツを例に挙げて考えます。

　1枚のTシャツがつくられて、私たちの手元に届き、着用されて廃棄されるまで、どのような段階があるのでしょうか。図1に、Tシャツの一生を示します。

　Tシャツの一生は、まず、原料となる繊維から始まります。天然繊維では、木綿や麻などの栽培、絹を得るための蚕の飼育、羊毛を得るための羊の飼育などを通し原料となる繊維を得ます。また、化学繊維の場合には、石油などから化学的プロセスにより繊維材料を製造します。この間に多くの水、エネルギー、飼料や肥料、労働力などが必要になります。次に、繊維から糸がつくられ、糸を縫ったり織ったりすることで布地ができます。布地あるいは糸を染める工程もあります。単に「Tシャツ」といっても、さまざまなデザインがあります。デザインをし、布地を裁断、縫製し、私たちが着るTシャツがつくられます。さらに、でき上がったTシャツは、搬入・運搬、販売のプロセスを経ます。これらの各段階で、エネルギーが消費され二酸化炭素(CO_2)が排出されています。

　日本は、世界の中でも特に、多くの服を中国など海外から輸入している国です。海外からの搬入や運搬にも多くのエネルギーがかかっています。実は、1人当たりが消費する、服に関するCO_2排出量は、日本が

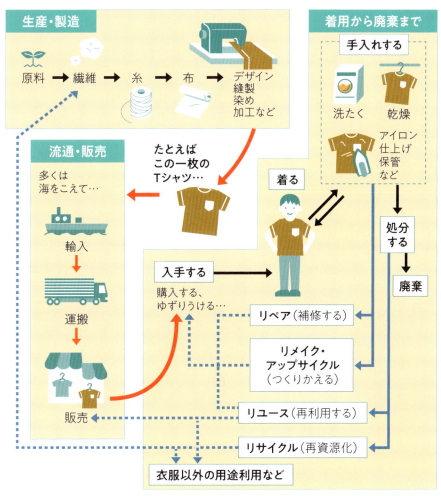

図1 Tシャツの一生（ライフサイクル）

世界でも最も高く世界標準の約5倍となっています（P62-63下グラフ参照）。

Tシャツが製造されると、それらは店頭やインターネットショップなどで販売され、消費者である私たちの手元に届きます。私たちはTシャツを選び、購入により入手して着用します。着用すれば汚れたり傷んだりするので、手入れが必要です。洗濯、乾燥、アイロンなど、使用段階にもエネルギーが使用されることを忘れてはいけません。また、ゴミとして廃棄する際やリサイクルの際にもエネルギーが必要です。

以上のように、生産から販売、消

費、使用、廃棄に至るまでのすべてのプロセスを考えて環境への負荷を考えることが大切です。このことをライフサイクルアセスメント（LCA：Life Cycle Assessment）といいます。製品の種類や、国ごとの生産、輸出入などの状況にもよりますが、CO_2の排出により、気候変動に最も影響を与えるのは、衣服の製造/流通/販売段階、次いで、衣服の使用段階、そして、原材料の生産・製造段階だといわれています。

それでは、Tシャツを例に、ライフサイクルを考慮してCO_2排出量を試算した例を見てみましょう。これは、木綿のTシャツを50回着用し、それぞれの着用後に温水で洗濯をした場合の試算例です（図2）。Tシャツの製造から廃棄段階までのライフサイクルを通したCO_2排出量を見てみると、Tシャツをつくり、運搬して店頭に並び販売されるまでで約半分、そして着用段階の排出量が約半分を占めています。このことから、気候変動対策として、消費者である私たちがCO_2排出を減らすためには大きく2つの方法が有効であることが分かります。

一つ目は、多くのエネルギーを費やしてつくられた服を大切に長持ちさせることです。木綿のTシャツ12枚を4回ずつ着用する場合と、1枚を50回使用する場合を比較した試算では、どちらものべ約50回の使用ですが、なんと約6.5倍も前者のほうがCO_2排出量が多いのです。

二つ目は、洗濯・乾燥などの手入れにも環境負荷がかかっていることを意識することです。欧米では、水質等の特性もあり、洗濯に温度の高い湯を使い乾燥機を多用するため、図2の試算でも、手入れを含めた着用段階でのCO_2排出量が大きくなっています。日本では、洗濯には冷水を使い、天日干しなどの自然乾燥を行うことが多いので、CO_2排出量はこの試算よりも少ないと考えられますが、近年ではライフスタイルの変化もあり日本でも乾燥機の使用が多くなるなど、手入れを含んだ着用段階でのCO_2排出量に気をつける必要があります。Tシャツに限らず、近年では流行の移り変わりのスピードはどんどん速くなり、服の値段も安くなっています。「着る服がない！」「新しい服が欲しい！」という声に応えるため、たくさんの服が生産され、私たちの買う服の量はどんどん増えています。平均的な消費者の衣料品の消費量は2000年に比べて2014年は60％増となっており[*1]、それぞれの衣服はこれまでの半分程度しか着用されずに捨てられたり、タンスやクローゼットの中にしまわれたままになったりしてい

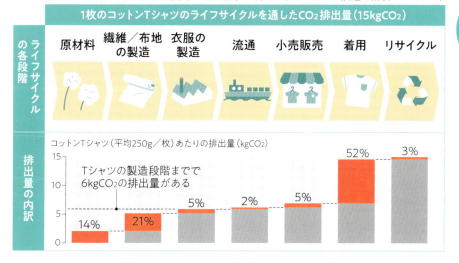

図2 Tシャツのライフサイクルアセスメント

出典：Carbon Trust: International Carbon Flows_Clothing, P10をもとに筆者作成

ます。ファッション産業のCO_2排出量は、2030年には2015年比で60％以上増加し、約20億8,000万トンになると予測されています。これは、1年間に2億3,000万台の乗用車から排出されるCO_2の量とほぼ同じくらいです[*2]。毎日着ている衣服の選び方、着方、手入れの仕方、廃棄の仕方によって、CO_2排出量が変わってきます。

そのことを少し意識して、サステイナブルなファッションの楽しみ方を工夫して、あなたの生活に加えてみてください。例えば、服についているタグ表示を見ることから始めてもよいでしょう。原材料や縫製など、私たちの手元に服が届く前の段階にも関心をもつことにつながります。身近な1枚のTシャツの裏側に思いをはせることは、実は、気候変動をはじめ、生産現場での過酷な労働やジェンダーの問題など、私たちの身近な生活が、さまざまな社会的な課題ともつながっていることにも気づくきっかけになるのです。

（西原直枝）

[*1] https://www.mckinsey.com/business-functions/sustainability-and-resource-productivity/our-insights/style-thats-sustainable-a-new-fast-fashion-formula （最終閲覧日：2019年2月28日）

[*2] Global Fashion Agenda and the Boston Consulting Group, Inc. 2017, Pulse of the fashion industry. https://globalfashionagenda.com/wp-content/uploads/2017/05/Pulse-of-the-Fashion-Industry_2017.pdf P11 （最終閲覧日：2019年2月28日）

column 05

ファッションと気候変動
エシカル消費が未来を変える

ファッション業界の現実

　今あなたが着ている洋服は、どこで、だれが、どうやってつくったものでしょうか？　その工程を想像したことがある人はいるでしょうか？　ファッション業界による温室効果ガスの排出量は、世界全体の約10％を占めています。しかも、繊維製品の85％は再利用されずに処分されているのです[*1]。こうした事実は、私たち消費者にはなかなか伝わってきませんが、私たちが積極的に求める安い商品の裏には、地球環境の犠牲があるといっても過言ではないのです。世界共通の目標であるパリ協定を守るためには、ファッション業界の炭素排出量を削減することが不可欠です。けれども、私たちは一体どうやってこの現状と向き合えばよいのだろうか、と不安になる方がいるかも知れません。実は、私たち消費者にこそ、その変化の一端を担う力があるのです。

エシカルとは

　皆さんは「エシカル」という言葉を聞いたことがありますか？　「エシカル」とは、直訳すると「倫理的な」という意味で、法律の縛りはないけれども多くの人が正しいと思うこと、または社会的規範を意味します。最近、日本でも「エシカル消費」が注目され始めていますが、ここでいう「エシカル」とは、人や地球環境、社会、地域に配慮した考え方や行動のことをさします。皆さんが普段食べたり、飲んだり、着たり、使ったりしている製品はすべて、誰かがどこかでつくってくれています。しかし、今の世の中では、私たち消費者が製品を手にした時、その裏側にはどんな背景があるのか、なかなか知ることができません。　もしかしたら、その背後には劣悪な環境で長時間働く生産者や、教育を受けられず強制的に働かされている子どもたち、美しい自然やそこに住む動植物が犠牲になっているかもしれません。さらに、生産という行為は、資源の過剰な消費、エネルギーの浪費、土壌をはじめとする自然環境の破壊、製品をつくる時に使う有害な化学物質の排出などによって、気候変動という問題を引き起こす一因にもなっているの

ネパールにあるフェアトレードの生産者団体KTSで働く女性たちを訪問した際の様子。女性たちの収入は子供の教育にあてられる場合が多い

です。「エシカル」な消費とは、人や地球環境の犠牲の上に立っていない製品を購入することであって、いわば「顔や背景が見える消費」ともいえます。今、世界の緊急課題である、貧困・人権・気候変動の3つの課題を同時に解決していくために、「エシカル」という概念が有効だといわれています。

私たちにできること

　私たち全員に共通することは、消費者であるということ。企業にとって消費者の存在は無視できず、私たち消費者が何を求めるかによって、企業の生産のあり方が左右されるはずです。私たちは日々の暮らしの中から、買い物という企業とのコミュニケーションを通じて、「貧困問題を引き起こしていない」「人権を侵害していない」「気候変動に対する影響の少ない」製品づくりを企業に求めることができるのです。もちろんファッションもその例外ではありません。好きな洋服や靴、カバンなどを選ぶ時に少しだけ、その背景を考えて、人や地球環境の犠牲の上に立っていない製品を選んで購入してみる。また、すでに手にしている製品を修理しながら大切に長く使い続ける。製品の未来、つまり廃棄までを考えて消費をすることも、エシカル消費にとって大事な考え方です。とても身近なアクションなので、今日から、明日から、誰にでもできる貢献がエシカル消費なのです。生活の中に取り入れていくことで、持続可能な開発目標（SDGs）が掲げる17個の目標のうち、12番目の「つくる責任　つかう責任」の達成に寄与できます。それだけでなく、13番目の「気候変動に具体的な対策を」という目標をはじめとする、いくつかの気候変動に関連するゴールを成し遂げるためにも有効です。まずは身の回りから、自分に何ができるかを考え、実践することから始めませんか？

　Be the change!

末吉里花　一般社団法人エシカル協会代表理事

*1 https://www.unece.org/info/media/presscurrent-press-h/forestry-and-timber/2018/un-alliance-aims-to-put-fashion-on-path-to-sustainability/doc.html （最終閲覧日：2019年2月28日）

column 06

仏教と気候変動

　お寺の生活は四季の移り変わりを感じる行事に彩られています。一年の始まりを祝う元旦会、春の訪れを感じる春彼岸、お釈迦様のお誕生日を祝う花祭り、夏の風物詩の盂蘭盆会、紅葉の季節が始まる秋彼岸、梵鐘の音とともに一年を締めくくる除夜会。日本ほど四季の移ろいが豊かな国はないといいますね。東京の街中にあるお寺でも、春には美しい梅や桜が目を楽しませてくれますし、夏にはセミの声や耳を澄ませばコオロギの声が聞こえてきます。

　お寺には、四季の変化を取り入れる仕掛けがいっぱいあります。床の間には、季節のお花を飾り、掛け軸をふさわしいものに掛替えます。冬は障子で暖かみを、夏は葦戸で涼しさを演出します。法衣や袈裟にも夏物と冬物があり、春と秋には毎年決まった日に皆一斉に衣替えをします。夏物の袖を初めて通す日は、まだ少し肌寒いながらも絽の衣から夏の風を感じますし、冬物を初めて羽織る日は、ずっしりとした衣の重さに冬の到来を実感します。

　しかし、最近はこれら伝統的なお寺の様子がずいぶん変わってきています。夏の衣を着る期間はどんどん長くなり、花の満開具合と行事のタイミングが合わなくなりました。気候変動は遠くの話ではなく、まさに今、この自分の身に起こっていることと受け止めなければならないんだと実感しています。そんな中、2015年にSDGsを知りました。「誰一人取り残さない ── No one will be left behind」という理念は仏教に通じます。例えば浄土真宗で大切にする「摂取不捨」という言葉は、あらゆるいのちに向けられた阿弥陀仏のはたらきは、誰一人をも決して捨て置かないという意味です。

　SDGsは民族や宗教の違いを超えて「人類共通の目標」として設計されたため、とても汎用的である一方、取り組みの仕方や関わり方は受け止める側に委ねられています。そのため、それぞれの国や文化の背景において、SDGs

「Temple Morning」の風景

をどのような世界観や人間観で受け止め、どのような行動規範をもって推進していくかについて、大いに語り合う余地があります。山川草木悉有仏性、おかげさま、もったいない……など、日本固有の価値観からSDGsを捉え直し行動につなげていく思想的支柱として、仏教の果たしうる役割はとても大きいのではないでしょうか。SDGsについて仏教思想から語る言葉を積み上げていけば、それは日本発のSDGsイニシアチブを世界に向けて発信していく大きな貢献にもなるはずです。2017年から「仏教とSDGs」に関するシンポジウムやイベントが増えてきたのは喜ばしいことです。

　しかし、考えたり議論したりするばかりではいけません。お寺の日常の中で具体的に起こせるアクションは何か。お寺の世界では伝統的に、掃除をはじめ、薪割りや草取りなど、修行環境を整えるために必要な仕事を「作務」と呼んできました。現代的には、暮らしの環境を整え、心を整えることといえるでしょう。どんなに重要な目標があっても、心が置き去りになっては努力が続きません。ということで、私は「お寺から地球環境を掃除しよう!」という思いで、最近は特にお寺での掃除の会「Temple Morning」に力を入れています(興味のある方は、私のツイッターをご覧ください)。とにかく「一緒に身体を動かして地球にじかに触れる体験」から何かが生まれることを期待しています。

　「地球環境」というとスケールが大きすぎると感じるかもしれません。しかし、あらゆるいのちのつながりを感じながら、小さくても日々の生活の中でできることがあります。例えば、地球に対しては欲を少なくして足ることを知る「少欲知足」、人に対しては穏やかな顔と優しい言葉で接する「和顔愛語」。自分なりの「地球作務」、一歩踏み出してみませんか?

松本紹圭　浄土真宗本願寺派光明寺 僧侶

経済 / economy

地球にやさしい銀行ランキング
～COOL BANK RANKING～

地球のために今できること

銀行には地球温暖化を加速させる石炭、石油やガスを含む「化石燃料」やリスクの高い「原発」を支援してしまっている銀行と地球環境を破壊するビジネスに支援していない「地球にやさしい銀行」があります。

ここでは「350.org」が実施した調査結果とアンケートへの回答があった銀行を対象にGOLD（融資／投資なし・公表あり）・SILVER（融資／投資なし・回答あり）・BRONZE（融資なし・回答あり）のランキング形式でご紹介します。

私たちは「化石燃料や原発に支援をしていない」と明確に公表する、責任のある「COOL BANK」を応援し「クールなバンクで、クールな地球」の実現を考えているのです。

出典：350.org「民間金融機関の化石燃料及び原発関連企業への投融資状況2018」

GOLD	SILVER	BRONZE
0 ※該当なし	2	15

- 新潟労働金庫
- 中国労働金庫
- 北陸労働金庫
- 近畿労働金庫
- 九州労働金庫
- 東海労働金庫
- 四国労働金庫

お金・消費と気候変動

お金と気候変動はどう関係しているか考えたことはありますか？

　私たちが日々購入している食料・服・電気製品などの「商品」。その商品ができるまでには、どのような材料が必要で、どこでその材料を調達したのか、そして集めた材料をどのような工場やエネルギーで組み立て、形にしたかを考えたことはあるでしょうか？　多くの商品は、現在のグローバルな経済とサプライチェーンによって、多くの国や地域の資源を使い生産・輸送され、あなたの手に届いています。

　いざお店で買い物をすると良い品質で安いものは購入したくなってしまいますよね？　しかし、非常に安く売られているものには実は「裏」があります。

　産業革命が起きた時代、現在のおよそ200年前から、発祥地であるイギリスをはじめ、ヨーロッパ・アメリカ・ロシア・中近東からアジアまで、人間が地中から掘り起こした石炭や石油をはじめとするエネルギー資源が、グローバル経済を動かし続けてきました。以前なら海を越えるには何カ月もかかっていた移動が、わずか数日・数時間であらゆる"もの"や"人"が大陸を越えることができるようになりました。地中で何万年もかけてつくられた石油や石炭の炭素物を一瞬で燃焼、エネルギーに変えることで、私たちの経済が成り立っていたのです。

　コンビニに置かれている商品の生産地を見てみると、バナナはエクアドル、コーヒーはケニア、ポテトはアメリカ、肉はオーストラリア、豆は中国など、世界のあらゆる産地から商品が輸入され、さらに低コストです。

　しかし、その「低コスト」に裏があるのです。現在の世界経済を可能とした化石燃料の使用に、人間社会はまっとうな「社会的コスト」を払ってこなかったことが近年明らかになってきています。

　石炭、石油や天然ガスを利用すると、呼吸器疾患などの健康被害、酸性雨による植物への害の原因となる大気汚染物質の大量放出、そして気

候変動の原因となるCO_2の大量排出などの「社会的コスト」が発生します。

そうしたコストがあるにも関わらず、「発電のための石炭」「車・飛行機・船のエンジンを回すための石油」「暖房のための天然ガス」の値段には、200年以上、なんの「社会的コスト」も含まれていませんでした。

つまり石炭・石油・ガスの値段には社会や環境への負担や被害に対しての対価を払わず販売され続けてしまったのです。政府や企業がエネルギーの値段を「安く」するため、エネルギー調達という名目のもとに私たちの税金を補助金として使い、気候変動を加速させ、結果として安心・安全に暮らせる地球環境そのものを危険にさらしています。

より身近な「社会的コスト」の例だとゴミ処理の問題が挙げられます。企業が商品を生産する際に大量のゴミが発生する場合、処理のために自社のお金を支払ってゴミを地元の自治体や第三者の業者に処分してもらうか、ビジネスの一部として責任をとって再利用できるリソースに分解するのが一般的です。

しかしCO_2の排出の場合、生産者はその「社会的コスト」を社会に押し付け、何もお金を払わず利益を得ているのです。

経済学の権威、経済科学者ニコラス・スターン氏が指摘するとおり、企業(原因者)がこのように利益を得ながらその行為において社会に与える社会的損失または社会的費用を負担せず、社会に転嫁するというのは、気候変動は「世界最大の公害」であるともいえます。気候変動の原因である人工的CO_2の排出量をお金の流れに反映させていなかったからこそ起きたこととも言えます。

気候変動を引き起こすお金の流れを変えて、問題解決に至る方法は主に2つあります。

● **〈解決策1〉責任者負担**

責任者負担にはいくつか方法がありますが、一つはCO_2の社会的コストを炭素排出量を多く排出している責任者が負う方法です[*1]。

また一番シンプルな方法は、炭素排出量に対し納税を課す方法です。これは「炭素税」とも呼ばれています。気候変動の原因である「CO_2」に対して納税を課し、その税金を問題解決に充てる方法です[*2]。

さらに税金ではなく、市場の力で解決する手段もあります。これは「排出権取引」と呼ばれ、気温上昇を1.5〜2℃未満に抑えることを目標に全世界で排出可能なCO_2排出量[*3](炭素予算)を制限。その限られた排出量を使うことができる権限を企業に販売するしくみです。企業は排

図1　ダイベストメントのしくみ　　　　出典：350.org Japan

出権を購入しない限り排出することができません。排出量の多い企業ほど排出権に多く払う必要性があり、使用するCO_2の量を少なくし、企業がその資産価値を上げていくことで、自然に使用量が減っていくしくみです。

しかしこの手法には大きな弱点があり、国政府または多国間政府が国・地域全体でCO_2排出量の制限を法律として導入する必要性があります。

● 〈解決策2〉私たち一人ひとりの「お金」の預け先を変える

個人のお金も実は気候変動問題に対して大きく関与しています。政府の行動を待たずに私たちで働きかけることもできるのです。

銀行にあなたが預けているお金が、気候変動の原因となる事業を行っている会社に出資されていたらどう思うでしょうか？

CO_2の最大の排出源である石炭・石油・天然ガスを含む化石燃料の開発に関わる企業への融資・投資を引き揚げることで気候変動解決を目指す「ダイベストメント」は、現在、世界的に広まる市民ムーブメントとなっています（図1）。

ダイベストメントはインベストメント（投資）の対義語。預け先の銀行が気候変動を促進する事業を行っている会社に出資している場合、その銀行から預金を引き揚げて、出資していない銀行に移します。個人や団体の口座乗り換えにより顧客が離れることで、銀行に「社会的コスト」を意識させることができ、気候変動に配慮した銀行業務を促す有効な手段として世界で行われています。

また銀行に預けているお金だけで

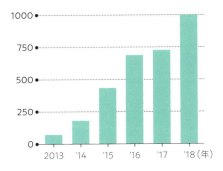

図2　ダイベストメント表明機関数（2013〜2018年）

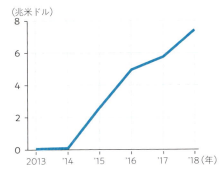

図3　ダイベストメント表明機関の運用資産総額（2013〜2018年）

なく、学校、自治体や企業が職員のために預ける保険会社や年金のお金も気候変動を促進する事業に投資されている可能性があります。つまり、健康や社会保障のためのお金で気候変動を促進する会社の株式を保有し、温室効果ガスの増加に関与しているのです。

それらのお金を運用する機関に化石燃料への投資の引き揚げを促す活動もダイベストメントの一環です。近年この動きがますます活発化していて、2011年にアメリカの大学で始まった運動はパリ・ニューヨーク・ロンドンの大都市にまで広がり、ノルウェー・アイルランド・ニュージーランドの国民年金もダイベストメントに参加しています。さらに、世界最大級の保険会社までも、気温上昇を食い止めるために最大の排出源である石炭からの投資撤退を次々と発表し、石炭火力発電所の保険の引き受けも停止すると決断しています。2018年12月時点で、ダイベストメントを宣言した参加機関数は約1,000機関、そしてそれらの団体が運用する資産総額は日本の国内総生産を超える約900兆円（約8兆ドル）に到達しています（図2・3）。

炭素税の導入やダイベストメントを通してお金の流れを見直すことで、気候変動解決のためには化石燃料依存から脱却し、自然エネルギー中心の社会へのシフトを促すことができるのです。

〈古野 真〉

＊1　過去、大量にCO_2を排出してきた責任者（主に石油・石炭関連会社）にそのコストを被害者に対して弁償させる動きも近年活発化しています。

＊2　ノーベル経済学賞受賞者Joseph Stiglitzが推奨しています。

＊3　政府がCO_2排出にコストを与えるしくみを「炭素価格制度」または「カーボンプライシング」と呼びます。

column 07

気候変動とダイベストメント

　世界的に広がる市民ムーブメントとなっているダイベストメント運動。始まりは、アメリカに住む数人の学生の小さな活動でした。2011年にアメリカのペンシルベニア州にあるスオスモア大学（Swathmore College）の環境サークルに所属していたメンバーは、地元に広がる自然や山を破壊する炭鉱開発から守ろうと活動をしていました。活動の中で、ある事実を知ることとなり、学生たちは衝撃を受けました。石炭の採掘のために地域の環境破壊を引き起こしていた鉱業会社に彼らの大学が関与していたのです。大学の未来のためにOB・OGが大学に寄付していた寄付基金が鉱業会社に投資され、未来の生徒を育むために集められたお金が、地域の環境破壊と気候変動を促進する事業を支援していたことは彼らにとって許すことのできない事実でした。学生たちは学長に「私たちのお金を未来を破壊する行為に使わないでください」と訴えたのが、運動の発端です。

　この活動の中心となり、積極的にダイベストメントを全米、続いてヨーロッパ、オーストラリアそして世界に広めた団体は350.orgという環境NGOでした。350.orgの共同創設者は世界的環境ジャーナリストとしても活躍し、またバーモント州のミドルベリー大学で教壇に立つビル・マッキベン氏です。彼が2012年に学生のダイベストメント活動を応援する中で、有名なポップカルチャー雑誌『ローリング・ストーン』に執筆した記事が注目を集めました。タイトルは「気候変動の恐るべき数字」。記事の内容は、「科学者によると、産業革命と比較して世界の気温上昇を2℃未満に抑えるために、排出可能な二酸化炭素は2012年時点でわずか565ギガトン（ギガトン＝10億トン）しか残されておらず、地中に埋蔵されている石炭・石油・天然ガスをすべて使い切ってしまった場合、およそ2,795ギガトンの二酸化炭素が放出される」という事実でした。つまり、危険な気温上昇を止めるためには、現在埋蔵が確認されている石炭・石油・天然ガスの8割はそのまま地中にとどめる必要があるという衝撃の内容でした。彼は、問題解決に向け、必要な行動を世間に突きつけるために、それらの産業へのお金の流れを見直し、ダイベストメントのアクションを促したのです。

東京の代々木公園で開催されたアースデイ2018年で350.org Japanのメンバーが350.org創設者ビル・マッキベン氏と並ぶ著者(右から4番目)

『ローリング・ストーン』に掲載された記事はアメリカの他大学のキャンパスでも話題となり、350.orgは協力団体とともに21日間、21都市のバスツアーを企画。そのツアーをきっかけにアメリカの100以上のキャンパスで大学のダイベストメントを目指すキャンペーンが立ち上がったのです。また同時に、自治体にもダイベストメントを促す一般の市民によるキャンペーンを複数立ち上げ、2013年時点でサンフランシスコ市やシアトル市を含む10都市がダイベストメントを宣言しました。その後、多くの人々が所属先の教育機関・宗教団体や自治体に、気候変動の最大の原因である石炭・石油や天然ガスを開発する会社からお金を引き揚げることを促す活動に取り組みはじめ、全米にこのムーブメントが広がりました。

アメリカの大学で始まった運動をさらに拡大させるために、350.org はまずヨーロッパ、続いてオーストラリアに渡るダイベストメント・ツアーを2013－2014年の間に企画し、グローバルなムーブメントとして成長を見せました。アメリカの活発な活動から学び、欧州もオーストラリアでも、大学生がムーブメントの先頭に立ち、短い間に多くのダイベストメント・キャンペーンが成果を出し続けたのです。

パリ協定が合意された2015年、ついに日本をはじめ東アジアにもダイベストメントの波が到達しました。預金大国である日本では、350.orgの日本支部350.org Japanが気候変動を促進する企業を支援する銀行の取引実績の調査を行い、石炭・石油・天然ガスや原発関連企業にお金を流す「地球にやさしくない銀行」ランキングを公表しました。一方で、それらの事業に関与しない「地球にやさしい銀行」も明らかにし、地球にやさしい銀行選びを促すキャンペーンを実施。(P72-73参照)350.org Japanが展開する「レッツ、ダイベスト！」キャンペーンでは、気候変動を促進する銀行に環境に配慮した行動を求めるため、多くの個人や団体が預金先銀行を見直しています。

古野 真　350.org Japan 代表

日本で広まるダイベストメント活動については、www.letsdivest.jp をご確認ください。

小さく堅実な暮らし

デンマーク政府は、2050年には電力供給と運輸交通セクターを風力・太陽・バイオ料・地熱発電などの持続可能エネルギーでまかない、化石燃料に依存しない低排出会にするという長期的目標を掲げており、2014年には気候変動法が成立しました。

Danish approach in everyday life

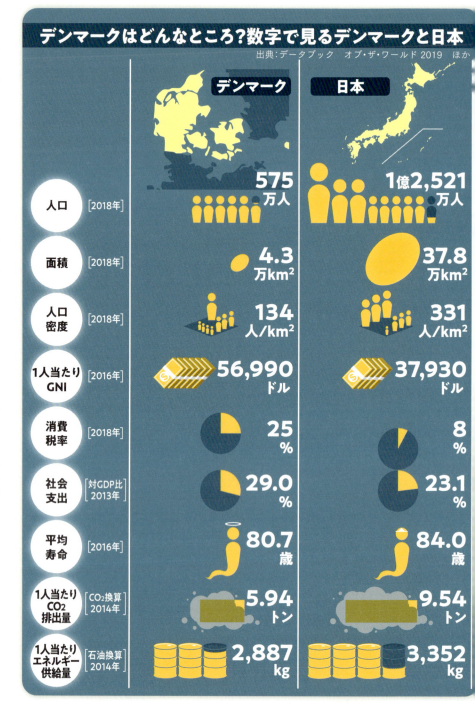

デンマークはどんなところ？数字で見るデンマークと日本

出典：データブック オブ・ザ・ワールド 2019 ほか

項目	デンマーク	日本
人口 [2018年]	575万人	1億2,521万人
面積 [2018年]	4.3万km²	37.8万km²
人口密度 [2018年]	134人/km²	331人/km²
1人当たりGNI [2016年]	56,990ドル	37,930ドル
消費税率 [2018年]	25%	8%
社会支出 [対GDP比 2013年]	29.0%	23.1%
平均寿命 [2016年]	80.7歳	84.0歳
1人当たりCO₂排出量 [CO₂換算 2014年]	5.94トン	9.54トン
1人当たりエネルギー供給量 [石油換算 2014年]	2,887kg	3,352kg

国民は幸せ？世界の幸福度ランキング

出典：World Happiness Report 2018

国際連合とコロンビア大学による「持続可能な開発ソリューション・ネットワーク」などが世界幸福度ランキング2018年度版（World Happiness Report 2018）を発表。各国民のアンケートをもとに国内総生産や社会的支援、健康寿命、社会的自由、寛容さ、腐敗認識度を用いて説明・分析がなされており、世界156カ国・地域の幸福度を比較している。

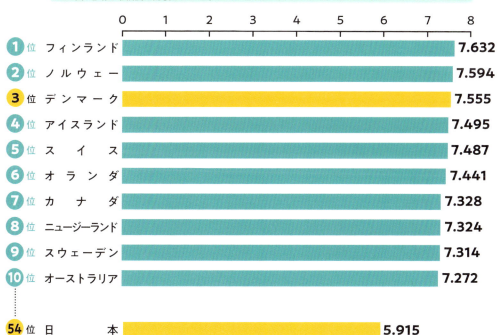

順位	国名	スコア
1位	フィンランド	7.632
2位	ノルウェー	7.594
3位	デンマーク	7.555
4位	アイスランド	7.495
5位	スイス	7.487
6位	オランダ	7.441
7位	カナダ	7.328
8位	ニュージーランド	7.324
9位	スウェーデン	7.314
10位	オーストラリア	7.272
54位	日本	5.915

幸福度ランキング分布

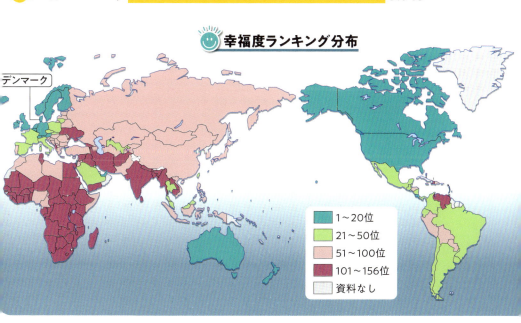

- 1～20位
- 21～50位
- 51～100位
- 101～156位
- 資料なし

デンマークから見た
世界の潮流・気候へ配慮した食

　メディアや学校・職場といった日常の場面で、日本では気候変動についての話題が少ない印象を受けます。豪雨被害や大規模地震を経験した2018年、ヨーロッパも例になく長い干ばつに見舞われ、アメリカでは大規模な森林火災が続く……と世界各地が異常気象に見舞われています。この自然災害を経験して、被害者の支援が求められるのはもちろんのことですが、それ以上に大切となるのは、今後の災害発生を減らしていくための努力ではないでしょうか。天災は人知の及ばないもの、という諦観ではなく、人間が引き起こした気候変動によってもたらされた結果という意識をもち、一人ひとりが将来のために行動を起こすべきところにやってきています。

　世界銀行の二酸化炭素情報分析センターによる統計データ（2014年）では、人口1人当たりの年間二酸化炭素（CO_2）の排出量が世界一多いのは、カタール（45.42トン）であり、パリ協定からの離脱でよく取り沙汰されるアメリカは第9位（16.42トン）、日本は21位（9.54トン）、デンマークは46位（5.94トン）とされています。デンマークのCO_2排出は際立ってひどいわけでもありませんが、これをさらに減少させる努力が産業界から個人レベルまで実践されており、国を挙げて気候変動への対策に取り組んでいます。気候変動関連への対策には自動車関連の取り組みが大きい割合を占めますが、この節ではまだ日本では見逃されがちな、食に関しての取り組みをご紹介しましょう。

　2018年10月にデンマーク政府から出された、『ともに、もっと緑の未来を創る』では38の取り組みが挙げられており、その一つに、生産者と協力して食品への「気候マーク」の表示を推奨することが提言されています。採用実現までは克服しなければならない問題は数多いものの、忙しい毎日の中でも消費者の気候への態度と購買行動に働きかけるように、政府としても取り組む姿勢を見せていることは注目されます。

　一人ひとりの日常の食事は、私た

図1　スウェーデンの食肉の気候マーク表示
気候、生物個体数、殺虫剤、動物福祉、抗生物質の5つのカテゴリーでチェックを行い、赤（避けるべき）・黄（注意せよ）・青（控えめに食べよ）のマーク付けを行っている

画像：helalf

ちが感じている以上に気候に負担をかけています。ヒトが食生活を通じて排出するCO_2の量は、デンマークでは生活全体で排出するCO_2量の約20%を占め、電気や暖房、ガソリンといったエネルギーを合わせた量よりも大きな割合を占めることが指摘されています[*1]。そのため、一人ひとりが気候に配慮した食事（デンマーク語：Klimavenlig mad/klimamad, 英語：Climate-friendly food/climate food）へと生活を変えることで、CO_2の排出を抑えることができると推奨されています。

コペンハーゲンで4家族を対象として、気候へ配慮したアドバイスを毎日の食事に取り入れる実験を行ったところ、これまでいわれていたようなエコ電球や自動車の代わりに自転車を使う、シャワーの時間を短くするなどの実践よりもCO_2量の削減につながったことが分かりました。その削減量は、1家族で1年間合計すると、自動車で2万1,000km走行分（地球半周分）に相当しまし

た[*2]。これらの家族が実践した6つのアドバイスは以下のものです。

1.肉

牛肉はCO_2の排出量が非常に多く、気候に大きな負担をかけます。一方、鶏肉は牛肉の負荷の4分の1です。鶏肉と魚を主に食べ、牛肉や豚肉を食べる頻度を減らすようにしましょう。

2.野菜

野菜はとりわけ環境への負荷が小さいため、積極的にとるようにしましょう。中でも、生産にエネルギーを要する温室栽培のものではなく、屋外の畑で採れる、季節の野菜が望ましいです。

3.米・ジャガイモ・パスタ

米はジャガイモの12倍、パスタの4倍、気候に負荷をかけます。米よりも、屋外の畑で育ったジャガイモを積極的に選ぶようにしましょう。

4.水

ボトルに入った水（ミネラルウォーター）は、ボトリングや輸送が影響するため、水道水の35倍、

気候への負荷をかけます。積極的に水道水を飲むようにしましょう。(デンマークの水道水は、硬度が高い地下水であり、安全に飲むことができます)

5. 食品ロス

食べる分だけ調理し、無駄をなくすようにしましょう。もしも作りすぎたら、残り物を使いまわすようにしましょう。

6. 地元産のものを

輸送にかかる負荷を減らすため、地元産の野菜や果物を選ぶようにしましょう。(肉に関しては、生産過程での温室効果ガスが大きいため、輸送は大きな問題ではなく、地元産にこだわる必要性はあまりありません)

このように、「気候に配慮した食」とは、生産や調理の過程でCO_2の排出量が少ない食事です。売り場で隣にある輸入トマトが彩りとして良くても、地元で採れたキャベツを選ぶ。そういう毅然とした姿勢なのです。土地や季節を選ばず、何でも世界中から届くようになった今、食生活は限りなく豊かになりました。しかし、食に関して日本のメディアで目にするのは、グルメレポート、あるいは逆にダイエット、かさ増し節約料理、時短料理といったものばかりです。オンラインや通販でのグルメ取り寄せや、ダイエットのために穀類を残す(つまり、捨てる)ことを推奨する様子は、気候への配慮は皆無に見えます。カロリーベースで38%[*3]とされる日本の食物自給率は、ただ輸入に頼っているからだけではなく、「輸入食品を欲する私たちがいるから」なのではないでしょうか。食への態度を気候に配慮して、食に対する姿勢を変えれば、自給率も自然と上がっていくように考えられます。

デンマークで注目される食は、特別おいしいことでもダイエットのためにカロリーが低いことでもなく、安全なオーガニックの食品や、動物の福祉に配慮した肉・卵類、そして輸送によるCO_2の排出を抑えた、その季節の国産の野菜や果物です。

図2　イギリスの気候マーク

最大手スーパーマーケットチェーン、テスコが導入した"Working with the carbon trust"の足跡マーク。食品だけでなく、洗剤など生活用品にも及ぶ。全製品にマークをつけるとしていたが、経済的な理由で2012年に撤回された

画像：Carbon Trust Footprint Label Style guidelines and Licence terms

あらゆる食品でオーガニックのものが手に入るようになりましたが、それだけを妄信するのでなく「冬に国産のオーガニックトマト（温室栽培のため生産過程において非常に多くのエネルギーを要する）を買うよりは、輸送コスト（価格というよりもCO_2排出量）を含めてもスペインから輸入したトマトを買うほうが良い」と知らせる理性も大切です。

地元で手に入る季節の食材を使ったり、食品ロスを防ぐことで、自然と節約にもつながります。加工食品を生産・消費し、物流を使いながら何でも手に入れることが経済循環だという頭でいると、増え続ける世界の人口に新たなタンパク源を確保することや、現在の食品ロスを減らす努力に模索している世界の潮流には、完全に取り残されます。2017年秋に放映されたNHKスペシャルの「激変する世界ビジネス"脱炭素革命"の衝撃」は、ヨーロッパで暮らす者ならばよく分かる日本の認識ギャップを表しています。

2018年に入ってから、100％植物ベースで作られた、ひき「肉」がスーパーマーケットに出てきましたが、当時はメディアでも市場でも大反響でした。天然食品添加物を除いた主原料は、大豆タンパク、ココナッツオイル、大豆粉、小麦グルテン、アーモンド、カールヨハン（きのこ）、トマト、発酵グルコース、タピオカスターチ、塩、モルトエキスです。こうした市場は拡大してきており、植物ベースの卵やチーズも、販売され始めています。これはベジタリアンに対する配慮というだけではなく、気候への負担を減らす運動の一つであると見ることができます。

国連によると、2050年には地球上の人口は97億人になると見込まれ、国連食糧計画はそのために少なくとも現在の1.6倍の食物生産が求められるとしています。しかし現在の食糧生産のやり方では生産量に限りがある上、気候への負荷が大きく、難しいとされています。そこで持続可能な食糧源として、タンパク源や栄養素の豊富な昆虫や海藻など

が視野に入れられています。広い面積の「栽培地」を必要とせず、数が十分にあるこれらの食物を、どのように人々に受容させるかというのが、気候変動と食に関連したキャンペーンではたびたび取り上げられています。もう一つの改善策は、生産される食べ物の3分の1以上が、結局人々の口に入らないままに処分されている事実、いわゆる食品ロスの改善です。閉店後のスーパーマーケットのコンテナなどに消費期限切れの食品を探しに行く様を表した、ダンプスター・ダイビングというアメリカの表現はデンマークでも使われるようになってきました。食品ロスを減らすためのアプリも開発され始めています。例えば、レストランやカフェで事情により料理が余ってしまった場合に、アプリを使ってお知らせすることで、ごく少額の支払いでテイクアウト料理として引き取ることができます。大手スーパーマーケットチェーンがフードバンクと協力して開発したアプリ、"Mad skal spises（食べ物は食べられないと）"は、地元のパン屋などの食品店やスーパーマーケットで、どこに何が余っているかを一括で概観できるようにしたもので、国際的に知られるSAPイノベーション賞を2018年に受賞しています。

　気候に配慮した食事というと、そのままCO_2の排出量だけを考えがちですが、それだけでは持続可能な食とはなりません。国連食糧農業機関（FAO）が出している「持続可能な食（sustainable food）」は以下の4つの基準を満たす必要があるとされています[*4]。

①栄養学的に適切で、安全で体にいいこと（動物性の食品がより環境に負担をかけるというのは紛れもない事実ですが、植物だけで補えない栄養素もあります）
②環境を守り、敬意を示すものであること（CO_2だけではなく、生産に関わる農地面積や水の使用量も考慮に入れる必要があります）
③文化的に受け入れられること
④安価であり誰にでも手に入れられるものであること。

図3　フランスの気候マーク

スーパーマーケットチェーンのCasinosによって導入され、全国的にサポートされている食品へのマーク表示の成功例。二酸化炭素排出量のほか、生産過程で使用した水の消費量、生物多様性、富栄養化からの環境への負荷を示している

画像：indice-environnemental

　この著者はフランスの研究を引いて、食品が上記の基準を満たし持続可能である場合、CO_2の排出量をこれまでのものから30％以上抑えることは不可能だとして、気候に配慮するだけではなく、牛乳や乳製品を適度にとることが栄養学的にも望ましい、と結論づけています。

　食物生産の中でも、特に牛、羊の生産が温室効果ガスの排出に大きな割合を占めるため、デンマークではすでに10年ほどメディアや環境団体が牛肉・羊肉の購入・摂取を控えるように呼びかけています。食の西欧化が進む中国では、中産階級が肉をたくさん消費するようになったことで、CO_2排出量が増加していることが問題視され始めています。これを危惧する中国栄養学会は2016年、俳優のシュワルツェネッガーやジェームズ・キャメロン監督を前面に出し、中国人に肉の消費を現在の約半分の年間27キログラム程度に抑えるよう呼びかけるキャンペーンを行いました。中国は、すでに食を通じたCO_2排出量の抑制を意識しているのです。

　日本にはハチの幼虫やイナゴを食べる地方があり、また多種の海藻類をさまざまな形で食べてきた長い歴史があります。まさに、これからの多様なタンパク源を考える上での先駆けであるともいえます。それに加え、大根の皮、シイタケの軸やブロッコリーの芯を「もったいない」と料理に使う「おばあちゃんの知恵」の伝統を備えてもいます。ここに立ち返れば、日本には将来の世界の気候に配慮した食づくりを指導していくポテンシャルがあるように思われます。世界に尊敬される実践は私たちの歴史の中にあり、環境のためにという毅然とした選択が自然災害をも防ぎうるカギを握っているのではないでしょうか。

（鈴木優美）

＊1　Concito（2016）
＊2　科学博物館Økolarietのホームページより
＊3　農林水産省（2017）「食料需給表」
＊4　Merete Myrup "Bæredygtig mad handler om mere end klima og CO_2-aftryk"

column 08

生徒が開発する「気候が喜ぶ」献立

　『気候が喜ぶ食事（Klima-glad-mad）』というタイトルの本が手元にあります。デンマークのユーラン半島北部にある、レビル（Rebild）という人口3万人弱の小さな自治体が2018年に刊行したものです。

　2014年以来、同市では気候・持続可能性に焦点をあて、毎年春に2週間気候キャンペーン週間を設け、そこで各種の学校群、保育施設、協会や民間企業、関心のある個人が気候と持続可能性のためにさまざまな取り組みをしています。その一環として、2015年、2016年、2017年に市内の学校は、「今年の気候献立」を開発するコンテストに参加しました。この過程で、学校はプロの料理人の助言・指導を受けながら、生徒たちは食事がどの程度CO_2排出に関わっているのかを学びます。一つひとつの食品の生産においても、そして調理法においても、どれだけCO_2が排出されるのかを理解しながら、生徒たちは気候に配慮した食事について賢くなっていきます。そして、自分たちなりの気候献立を開発し、コンテストに出品するのです。

　このコンテストでは毎年2つの分野で、審査員が今年の気候献立を選びます。一つは、レシピの上で特に優れている作品で、受賞後の献立は街のカフェで注文できるようになります。もう一つは、参加者たちが気候に関する幅広い理解に貢献した作品で、こちらには地元在住のアーティストが作製したブロンズ像が授与されます。

　さらに同書では、地元の森に自生している食用できる植物、木の実やベリー、キノコなどを採取することで、無料で季節感を感じながら食べ物を得て、二酸化炭素削減に貢献できることを伝えています。森で植物を採取する際のマナーやルールとして、私有林の出入り（道のあるところしか進入してならない）は朝6時から日の入りまで、木の実やキノコの採取は、個人（と家族）で楽しむ範囲の量に限るなど紹介しており、実際的なガイドとしても役立ちます。

レストランのシェフが学校にでかけ、気候に配慮した食事についての授業を行い、生徒の献立づくりへの助言を行う

　市内にある4軒のレストランも自治体の気候キャンペーンに協力しており、先述の気候キャンペーン週間には気候に配慮した献立をおくほか、年間を通じて気候と持続可能性に配慮した取り組みをしています。2017年のこのキャンペーンオープンにあたって、レストランのコック長が「こうして、地元のレストランが気候に責任をもつようになってきたことはよいことです。皆さんはときどき私たちのレストランに来て、食事すればいい。しかし、気候に大きく影響を与えているのは、ご家庭の食卓や買い物なのです」と発言したことを機として、このレシピ本が、書籍そして電子書籍で刊行されました。食文化も大きく違うデンマークの食事なので、レシピを直接ご紹介することはしませんが、根菜など多くの野菜を使ったものが多いこと、鶏肉と魚を使った献立が多いことが注目されます。コンテスト参加などを通じて気候に関する食の実践に参加した生徒たちは、家庭でも買い物や調理の際にもっと気候に配慮するように、親に働きかけるようになっています。

　具体的にこの自治体の自然に特化したものでありながら、国内で十分に利用されるポテンシャルを備えています。牛肉・羊肉を避けるといった基本的な部分を除いては、それぞれの国・地方でその季節に採れるものを利用することが最も気候への負担が少なくなるため、日本でこのレシピに載った料理を作ることが気候に配慮することになるわけではありません。しかし、だからこそこの「今年の気候献立」を子どもたちと一緒に開発するコンテストの過程は、どの地方でも実践できる気候学習であり、この本の中身をそのまま置き換えて十分にオリジナリティのあるレシピ本をつくりうる要素があるのです。郷土に自生する食用の植物や実を発見し、それを積極的に料理に取り入れつつ、気候への負荷を意識しながらおいしいレシピ開発を目指すという創造性を伸ばす学習が今後、日本の学校でも取り入れられていくことを期待します。

鈴木優美　在デンマーク　通訳・コーディネーター

3

組織で
できる
アクション

持続可能な未来のために

　若者は無力ではありません。彼(女)らの世代は、大惨事をも招くような気候変動の影響を防ぐのに必要な知識や技能、技術をもつ最初の世代なのです。

(UNESCO and UNEP (2011) *youthXchange : Climate Change and Lifestyles Guidebook.* United Nations Publications より筆者訳)

組織で
できる
アクション

学校・職場・地域と家庭における 気候アクションのための学習・教育理論

「気候変動に取り組む上で最も有効な武器は教育である。」

冒頭の言葉は、国連気候変動枠組条約(UNFCCC)のスポークスマンであるニック・ナッタル氏の発言です。確かに、地球温暖化に立ち向かうには、法律の整備や技術の開発が必要です。しかし、これまでにも述べてきたように、より良い法律をつくって最大限に活かし、人類のためになる技術を開発して適切に活用していくためには何にもまして教育が重要な鍵を握るといえましょう。

さて、前章では個人でできるアクションについて考えました。最終章では、幼稚園・保育園から大学、そして家庭や地域から企業に至るまで、組織でいかなるアクションが可能なのかを考えるために、世界各地から実践例を集めてみました。

これらの実践はいずれもグッド・プラクティスと呼ばれる優良実践ですが、その背景には共通したセオリーが見出せます。

第一に、そこでは気候変動の時代を生きる上で必要な知識・技能・態度がバランスよく習得されていること。第二に、それは教室での学習にとどまらない包括的(ホリスティック)な取り組み、つまり組織全体で取り組む「組織まるごと気候変動教育」もしくは「どこを切り取っても気候変動教育」が実践されていることです。持続可能な開発のための教育(ESD)では、こうしたアプローチを「ホール・インスティテューション・アプローチ」と呼んできました(詳細は、日本国際理解教育学会『国際理解教育』No.18, 2012年を参照)。

以下に、上記の2点についてそれぞれ詳細を述べます。

● 気候変動教育に求められる知識・技能・態度

気候変動の時代を生きるためにはどのような知識や技能が求められるのか——さまざまな回答があると思いますが、少なくとも旧来の詰め込み型の知識習得ではないことは強調されてよいでしょう。つまり、学習者が一定の知識を記憶して

表1　気候変動教育に求められる知識・資質・技能・態度

鍵となる知識・資質	鍵となる技能	鍵となる態度
●生きとし生けるものが相互につながっていることを理解する ●地球の資源は限られていることを理解する ●人間社会にとっても地球にとっても多様性が重要であることを理解する ●持続可能な社会を創るために必要な責任感と正義感をもつ ●地球環境への影響を想像する	●問題解決や意思決定を行うために複数の問題どうしの関係性を把握する ●異なる価値観や意見の人とも協働して意思決定を行う ●社会を持続不可能にしている問題を批判的に捉え、持続可能な未来につながるライフスタイルの選択をする	●変化のための行動を起こす勇気をもつ ●人間は自然の一部であるという見方をもつ ●持続可能な世界に必要な生態的・社会的・文化的多様性に対する敬意をもつ ●自分・他者・あらゆる命・地球に対するケア（思いやり）の心をもつ

出典：UNEP and UNESCO（2011）*Youth X Change:Climate Change and Lifestyles Guidebook*をもとに筆者作成

試験で確認するような学びではないということです。

　こうした知識や技能の習得についてもESDの知見が役に立ちます。実際に、ESDで培われてきた「批判的に問うための学び」「自らの価値観を明確にするための学び」「より前向きで持続可能な未来を描くための学び」「物事のつながりを考えるための学び」などを気候変動教育にも活かす形で、ユネスコと国連環境計画は一覧表を作成しています。ここでは紙幅の関係上、要点を意訳して再構成した表を掲載します（表1）。

　以上はESDで主張されてきた学習ですが、これらを個人として習得する努力と同時に、組織全体で育む手法、つまりホール・インスティテューション・アプローチが気候変動教育では求められます。

●「組織まるごと気候変動」アプローチ

　気候変動教育をESDの一環として位置づけ、学校に照準を合わせてこのアプローチを推奨してきたユネスコによれば、ホリスティックな「気候変動アクション」は4つの領域から成ります（P94図1）。つまり、①学校ガバナンス、②教授と学習、③施設と運営、④地域連携です。

　第一に「学校ガバナンス」とは「学校運営」とほぼ同義ですが、より民主的な運営、つまり子ども・若者の声を積極的に反映させるような透明性のある意思決定プロセスづくりが求められます。学校全体で地球温暖化にチャレンジする前向きな学校文化を醸成していくことが重要となるのです。第二に「教授と学習」については一方的に知識を教える従来の授業ではなく、一般的にいわれる体験型・参加型学習、すなわちESDで唱えられてきた創造的思考や協働的思考、さらには批判的思考を活かす問題解決型の学習が重視されます。第三に「施設と運営」は、学

図1 「気候アクション」のための
　　　ホールスクール・アプローチ

出典：N. Gibb. (2016) Getting Climate-Ready: A Guide for Schools on Climate Action. p. 3. より筆者訳

校などの組織がハードとソフトの両面で持続可能性を具現化するということです。言い換えるなら、校内のエネルギーや水・食、校舎の素材、購買・廃棄などに関して適応と緩和を意識した実践を実現させなくてはなりません（詳細は、永田佳之・曽我幸代『新たな時代のESD：サスティナブルな学校を創ろう』明石書店を参照）。最後に、地域との協働で気候変動に取り組むように、地域にあるあらゆる気候変動関連のリソース、つまり自然や人や技術から子どもも大人も学んだり、地域の人々と協働で問題解決に取り組むということです。

　これらを根底から支えているのが「持続可能性の学校文化（School Culture of Sustainability）」であることはこの上なく重要な点です。これは学校などの組織全体にみなぎるケアのマインドであるといってもよいでしょう。この点がないがしろにされると、前述の実践も取ってつけたような不自然なものとなってしまいます。大切な自然や地球環境がずっと続くように、互いにケアし続ける──そんな雰囲気に満ちた組織であれば、気候アクションも自然体でできているといえましょう。

　ここまで気候変動の時代を生きるための知識・資質や技能、態度について述べてきましたが、これらにも増して重要なのが正義感です。気候変動教育の国際会議では「気候正義（climate justice）」という言葉が頻繁に用いられており、知識や技能にも増して重視されています。

　2018年12月に開催された国連気候変動枠組条約第24回締約国会議（COP24）を前にスウェーデンの温暖化対策を十分にとらない政府に改善を要求するために国会前で座り込みをした同国の15歳の中学生、グレタ・トゥーンベリさんがCOP24で国連事務総長と面会し、スピーチするシーンがネット上等で話題になりました。

　彼女は各国の政治家や専門家らに向けて次のように発言しています。

> 気候正義のための話をしたいと思います。たとえ耳障りであろうとも、私たちは明確に伝えなくてはなりません。あなたたちは環境にやさしい持続的な経済成長のことばかり話をしています。不人気になることを恐れているからです。皆さんは、この混乱（訳者注：地球温暖化）をもたらした良くないアイデアをもって進んでいくことばかり話をしています。（中略）あなたたちはこうした負担を私たち子どもに負わせているのです。でも私は不人気になることなど構いはしません。私が気にかけているのは気候正義であり、この地球で暮らしていくことなのです。私たちの文明は莫大なお金を儲けようとしているとても少数の人々によって犠牲にされています。私たちの生物圏も私の国のように金持ちの国の人々が贅沢な暮らしをしているために犠牲にされています。少数者の贅沢のために多くの苦痛は受けるに値するでしょうか。
> 2078年には私が75歳の誕生日を祝うことになります。その頃私に子どもがいれば、彼らは私と時間を過ごしているでしょう。彼らはあなた方について質問をするでしょう。行動する時間があったのに、どうして何もしなかったのか、と。皆さんは何よりも子どもを愛しているとおっしゃいます。しかし、あなたたちは彼らの目の前で未来を盗んでいるのです。（中略）私たちがここ（訳者注：COP24の国際会議場）に来たのは世界のリーダーにケアするようにお願いするためではありません。あなたたちは私たちを無視してきたのであり、再び無視するでしょう。言い訳はもうたくさんですし、時間がないのです。私たちは、皆さんが好んでも好まなくても変化はくると告げるためにやってきたのです。本当のパワーは人々にあるのです。ありがとうございました。

　上記のスピーチの映像は"COP24, Greta"で検索していただくと視聴できます。私は15歳の少女をここまで駆り立てたのは何かということを考えさせられましたが、グレタさんのスピーチを聞いてどう思われるでしょう。

　彼女が繰り返し述べているのが「気候正義」です。それは、ひと言でいえば、「理不尽にもたらされた不平等や不自由が許せない」という感情であり、資質です。なにも悪いことをしていない未来の世代にどうして私たちが負債を負わせてしまうのか、大人の私たち一人ひとりへの問いかけとして受け止められるべきでしょう。少なくともこの章で紹介する実践はグレタさんのような未来世代に対する大人たちの具体的なアクションであるといえます。

（永田佳之）

幼稚園

kindergarten

1．森の中で夏祭り
2．火おこしする少女たち
3．海辺で夢中になって穴を掘る少年
4．雪の斜面でそりすべり

※写真はすべてドイツ・ブレーツ市の自然幼稚園（Natur-kindergarten. Die Wühlmäuse e.V.）の様子です。

3-1 ドイツの「森の幼稚園」における気候変動教育
——その理念等をめぐって

森の中で遊ぶ子どもたち

● はじめに

　本節では、ドイツの森の幼稚園における気候変動教育（CCE: Climate Change Education）の取り組みについて取り上げます。CCEは、持続可能な開発目標（SDGs: Sustainable Development Goals）にも組み込まれ、地球規模の問題への取り組みとして、ドイツでも喫緊の課題となっています。

　以下では、まず、SDGsの教育に対する考え方の基盤となっている持続可能な開発のための教育（ESD: Education for Sustainable Development）が幼児教育の段階で、ドイツではどのように捉えられてきたのか整理しておきたいと思います。次に、CCEの実践現場として森の幼稚園はどのような可能性を秘めているのか探っていきたいと思います。

● ドイツにおける幼児期のCCEやESDの取り組み

　ユネスコが策定した「ESDの国際実施計画のための枠組み」[*1]に基づいて、ドイツ・ユネスコ国内委員会の報告書でも、「ESDは、幼い頃から取り組む必要があり、一生涯にわたって意味のあるものでなければならない」とその意義が述べられています。さらに同報告書[*2]では、子どもは生まれながらにして、有能で主体的な存在であり、大人とともに「持続可能な社会」を構築していく存在として捉えられています。そして、保育者は、そのような子ども時代を尊重し、子どもに寄り添い共に歩む存在であることが望まれています。ESDでは、「子どもが世界と関わり、世界を発見し、世界を自分に取り込んでいくことを保障すること」こ

そ、子ども時代を真剣に受け止めることになるとしています。

こうした子ども観や教育観に立ったESDの考え方は、幼児教育の可能性の拡大にもつながるものであり、ESDの流れをくんだCCEに取り組むことは、現代の幼児教育にとって大きな意味をもつといえるでしょう。

CCEやESDのドイツ国内における普及状況をみると、各州のカリキュラムの中に持続可能性や気候変動が関係づけられてきていますが、それでもまだ十分に定着していないと指摘されています*3。ドイツにおける幼児期を対象としたCCEやESDの取り組みには、森の幼稚園を中心に実践された"Der Wald ist voller Nachhaltigkeit（森には持続可能性がいっぱい）"プロジェクトをはじめ、「ロイヒトポール」「KITA21」「エコキッズ」などの活動があります*4。また、各州においてもCCEをどのように教育現場で実践していけるかというテーマで、多彩なシンポジウムが開催されています。例えば、ラインラント・プファルツ州では、2018年11月に「環境・エネルギー・栄養・森林省」によって「もっと気候変動教育を（Mehr Bildung für den Klimawandel）」というシンポジウムが開かれました。

● 気候変動教育と森の幼稚園

ドイツの森の幼稚園では、子どもたちが日常の園生活の中や遊びの中で見つけた身近な自然現象や生き物がテーマとして選ばれ、持続可能性につながる活動が展開されています。実施期間も、数週間から、ゆるやかに数カ月から1年かけて続くものなど多彩です。しかし、どの活動でも自然の中で子どもたちが、さまざまな生き物や自然の現象について、五感をフルに使って探索することが大切にされています。また、幼稚園内での活動にとどまることなく、地域社会や家庭としっかり関わりながら、さまざまな経験を通して子どもたちが成長する姿が見られます。このように、幼稚園での体験や学びが、しっかりと子どもたちの家庭生活や地域社会とつながることで、子どもたち自身の自己変容とともに、家庭や地域といった社会の変容も促されます。森の幼稚園で行われているESDやCCEと関係する実践は、テーマや規模、活動期間などにおいても多岐にわたりますが、共通して見えてくる特徴は以下のようにまとめられるでしょう。CCEとESDに共通するキーワードは、前述のユネスコ「ESDの国際実施計画のための枠組み」で示されているESDのキーワードをもとに作成し

表1　CCEとESDに共通するキーワードと森の幼稚園の特徴

CCEとESDに共通するキーワード	森の幼稚園の特徴
学際的・ホリスティック	● 子どもの生活を通して総合的に学ぶ ● 持続可能な場としての自然
価値志向	● 知識習得を目指すのではなく、体験がベースとなった価値観や態度を育む
批判的思考・問題解決	● 不思議さ、驚き、発見など、センス・オブ・ワンダーを大切にする姿勢
多様な手法	● 五感への刺激が豊富にあり、頭と体と心をバランスよく働かせる活動
意思決定への参加	● ゆるやかな参加が認められている ● 臨機応変に対応できる環境構成
日常生活への適応可能性	● 身近な題材がテーマとなる ● 活動が、家庭生活ともつながっている
地域社会との関連性	● 活動や子どもが関わる対象が、地域へ開かれている（社会参画・園外の多様な他者との関わり）

出典：UNESCO（2006）などをもとに筆者作成

ました。

　CCEとESDの関係性については、ユネスコの温暖化に関する資料[*5]でも詳しくまとめられています。その中でも、持続可能な開発のための気候変動教育（CCESD:Climate Change Education for Sustainable Development）のコンピテンシーは、「知識」「技能」「資質・価値志向性」の3つの観点で記述されています。また、このCCESDのコンピテンシーでまとめられている学びの種類は、「知るための学び（Learning to know）」「為すための学び（Learning to do）」「共に生きるための学び（Learning to live together）」「存在のための学び（Learning to be）」という4点が挙げられています。

幼児期の発達段階の特徴を踏まえると、知識や技能の習得以上に、直接的な体験や価値志向性や行動を伴った実践が重要になってきます。幼児期の豊かな経験は、小学校以上の教育段階において、よりスムーズに自然や社会に関する知識を得たり、技能を習得したりすることにもつながるでしょう。

　また、知的に自然を理解する前段階として、幼児期にはレイチェル・カーソンの言う「センス・オブ・ワンダー」[*6]が重要になるでしょう。不思議だと思う気持ちや驚き、美しさに圧倒される経験は、価値観の形成に大きく影響を与えます。つまり、自然とともに生きるエコロジカルな価値観にふれ、そうした思いと実際の生活が矛盾しないような生き方を、子どもたちが家庭でも幼稚園でも社会でも送っていける機会を保障することこそ、CCEにおいて最も重要となる観点でしょう。これらは、どのような人として生きていくのかという、存在のための学び（Learning to be）につながる観点とも捉えられます。また、自然や社会とつながりながら、共に生きるための学び

カタツムリと子どもたち

（Learning to live together）を実際の生活を通して深めているともいえるでしょう。このようにユネスコの文書の内容と森の幼稚園の実践とは、多くの点で共通しています。

　森の幼稚園の実践では、「気候変動教育（CCE）」という言葉が使われていないものもありますが、例えばコラム９で紹介する「ブルーベリー」のプロジェクトでは環境に負担をかけたブルーベリーの存在（CO_2排出量の問題）や、商品の価格の決め方（社会的公平の問題）がトピックとして上がってきています。CCEに関わる内容を幼児は、自然とつながった生活を通して全体的、体験的に学んでいます。幼児期のこうした体験は、小学生になって、意識的にCCEについて学ぶ時に、そのベースとなって生きてくるのです。

（木戸啓絵）

参考文献

- UNESCO（2006）*Framework for the UNDESD International Implementation Scheme*. UNESCO.
- UNESCO（2015）*Not Just Hot Air : Putting Climate Change Education into Practice*. UNESCO.
- Deutsche UNESCO-Kommission e. V.（2010）*Zukunftsfähigkeit im Kindergarten vermitteln : Kinder stärken, nachhaltige Entwicklung befördern*. Deutsche UNESCO-Kommission e. V.
- Deutsche UNESCO-Kommission e. V.（2014）*Bildung für eine nachhaltige Entwicklung im Elementarbereich – Kitas setzen Impulse für den gesellschaftlichen Wandel*. Deutsche UNESCO-Kommission e. V.
- Kohler, B. und Ostermann, U.（2015）*Der Wald ist voller Nachhaltigkeit*. Beltz.
- Stoltenberg, U.（2008）"Bildungspläne im Elementarbereich – ein Beitrag zur Bildung für eine nachhaltige Entwicklung?". Hamburg/Lüneburg.［https://www.oekostation.de/docs/Orientierungsplaene_BNE_2008.pdf］（2019年１月20日参照）
- 永田佳之（2018）「地球規模課題と国際理解教育：気候変動教育からの示唆」日本国際理解教育学会『国際理解教育Vol.24』P3-18.
- レイチェル・カーソン著 上遠恵子訳（1996）『センス・オブ・ワンダー』新潮社

＊１ UNESCO（2006）P5.

＊２ Deutsche UNESCO-Kommission e. V.（2010）S.1-2.

＊３ UNESCO（2014）、Stoltenberg（2008）を参照。

＊４ ロイヒトポール（Leuchtpol）はNPOであり、全国の幼稚園と連携し、エネルギーや環境教育といったテーマのさまざまなプロジェクトを実施している。なお、ロイヒトポールの実践については2012年の「ESDグッドプラクティス幼児教育編」に、その取り組みが紹介されている。KITA 21は北ドイツ周辺、エコキッズ（ÖkoKids）は南ドイツのバイエルンを中心に、実施されているプロジェクトである。ちなみに、KITA（キタ）は子どもの保育施設である"Kindertagesstätte"の略称である。

＊５ UNESCO（2015）P74および永田（2018）を参照。

＊６ カーソン（1996）

※本文および扉で使用した写真はすべて、ドイツ・プレーツ市の自然幼稚園（Naturkindergarten. Die Wühlmäuse e.V.）代表ヴィル氏（Frau Irmela Will）より提供を受けたものです。なお、本書への掲載については、子どもたちの保護者からも許可を得ています。

column 09

気候変動教育に関わる森の幼稚園での取り組み
～ブルーベリープロジェクト～

　ここでは、ドイツの森の幼稚園における気候変動教育の取り組みについて紹介していきます。第3章1でも紹介した「森には持続可能性がいっぱい」のプロジェクトの中から、特に気候変動教育とも関係の深い実践を紹介します。

プロジェクトのきっかけ

　クラスのある男の子が、スーパーで買ったブルーベリーを幼稚園にもってきました。みんなでそのブルーベリーの実を食べていると、一人の女の子が、おばあちゃんと一緒に森でブルーベリーを集めてジャムをつくっていると話してくれました。「おばあちゃんと採ったブルーベリーは、男の子がもってきたブルーベリーよりも小さいけれど同じ味だよ！」という女の子の発言がきっかけとなり、ブルーベリーの軌跡を追うことになりました。

プロジェクトの流れ

　プロジェクトは、一年を通して、森でブルーベリーの茂みを探したり、コンパスや地図をもって探検したり、森の生き物を探索したりしました。

　森の活動では、フォレスターという森林を管理している人も活動に参加しました。フォレスターからは、コンパスの使い方を教わったり、ブルーベリーと森に住む生き物たちの関係について話を聞いたりしました。

　ある日、子どもたちは、「森の中の野生のブルーベリーの実は、全部なくなっちゃったのに、なぜスーパーにはまだブルーベリーが売られているのか」という疑問をもちました。子どもたちは、本やインターネットを使い、家族に聞きながら「スーパーのブルーベリーは、どこからきたのか」を調べました。分かったことは、「ブルーベリーにはさまざまな種類があり栽培されていること」「冬に売られているブルーベリーは外国から飛行機で運ばれてくること」「外国からくるブルーベリーは、ドイツ国内のブルーベリーと品質は同じだけれど、CO_2排出量や私たちの環境への悪影響が大きい」ということでした。そこで、先生が子どもたちに「冬にもブルーベリーは、必要なのかな？」と聞くと子どもたちはすぐに「他のフルーツを食べたらいい」「冬にブルーベリーは食べない」と答えました。

　春になると、緑色だったブルーベリーの茂みも、花や実をつけ赤色や青色に変

化していきました。子どもたちは、ブルーベリーの実や花で色遊びをしたりしました。また、近くのブルーベリー農園を訪問し、どのようにブルーベリーが栽培されるのか、野生のブルーベリーとどのように違うのか教えてもらいました。

夏になると、熟した野生のブルーベリーを森で収穫し、ジャムやゼリーやケーキを作りました。また、ハーブの専門家から、ブルーベリーの葉はお茶にして薬として使われることも教えてもらいました。

子どもたちが作ったブルーベリー製品は、地元のファーマーズマーケットで販売することになりました。この市場には幼稚園の子どもたちもよく行っており、どのような地元の製品が売られているのか、旬のものはどのようなものがあるか、見ていました。「製品の値段をいくらにするか？」という話し合いでは、「作るのにすごく手間がかかったし、自分たちのブルーベリーはとってもおいしいから、高ければ高いほどいい」と主張する子どもがいました。それに対して、「そんなに高いと自分の家族は買えない」と反対する子どももいました。その結果、なるべくすべての人が買える値段で販売することになりました。この過程を経て、社会的公平について意識するきっかけとなったそうです。

プロジェクトの最後は、森で、お祭りとお泊まり会が行われました。子どもたちは、家族とともにバーベキューをしたり歌ったり、コンパスと地図を手に自分たちのブルーベリーの茂みを案内したり、プロジェクトの森の本（記録）を見せて誇らしそうにしていました。

気候変動教育との関わり

ブルーベリープロジェクトでは、ブルーベリーの生態について、その場限りの知識として得るのではなく、一年を通してさまざまな経験を経て知っていく点が特徴的です。また、ブルーベリーが食料や薬として、人の生活に取り入れられている点だけでなく、人間以外の生き物との関係についても焦点があてられている点も見落としてはならないでしょう。農園訪問では、野生のブルーベリーと人工的に栽培されているブルーベリーの違いについても触れています。野生のブルーベリーの実を収穫して子どもたちが作ったジャムやゼリーを、市場で実際に販売する場面は、社会参画の観点からも注目に値するでしょう。さらに、幼稚園での子どもたちの活動に保護者も関わることで、家庭生活においても価値観が共有され、保護者の意識や行動が変容するといった点も忘れてはなりません。

木戸啓絵　岐阜聖徳学園大学短期大学部専任講師

小学校
primary school

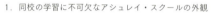

1. 同校の学習に不可欠なアシュレイ・スクールの外観
2. コンパスとリチャード・ダン校長
3. 自然採光のための校舎の天井
4. 南極についての授業風景
5. 校庭にあるハーモニー・センターの外観

4

5

英国アシュレイ・スクールによる学校まるごと気候変動アクション

写真1　「エコ・ドライバー」とリチャード校長

　国際的に高い評価を得ている気候変動教育の実践にはどのような特徴が見られるのでしょう。これまで筆者が見てきた限りではありますが、気候変動教育の優れた実践には分かりやすいビジョンがしっかりと共有されていて、校内やキャンパス内の至るところに反映されている——そんな学校等が多いように思われます。ここでは、授業のみならず、校内の実践のどこを切り取っても「ハーモニー」という原理が見出せ、その原理を基軸に学校全体で気候変動アクションに取り組んでいるアシュレイ・スクール（リチャード・ダン校長）を紹介します。

　アシュレイ・スクールは英国のサリー州にある公立学校です。4歳から11歳の約540名の生徒が通っています。2015年にはエコスクール[*1]大使に任命され、2016年には英国政府から「ユネスコ／日本ESD賞」に英国の代表として推挙されたこともあり、国内外から注目されています。食やエネルギー等といったサステイナビリティに関する数々の賞を受賞している優良実践校です。

　アシュレイ・スクールの学習の大

7つのハーモニー原則

1. 循環の原則(Principle of the Cycle)
   自然界の循環は持続可能性の最も良い見本となります。
2. 相互依存の原則(Principle of Interdependence)
   自然界のすべてにつながりがあり、互いに支え合っています。
3. 幾何学の原則(Principle of Geometry)
   自然の織りなす幾何学模様は私たちの身の回りの至るところにあります。
4. 多様性の原則(Principle of Diversity)
   多様性は個人を輝かせる力であり、レジリエンスを呼び覚まします。
5. 適応の原則(Principle of Adaptation)
   地域社会の知恵や文化へ適応することは、生き、繁栄する上で重要です。
6. 健康の原則(Principle of Health & Well-being)
   個人としての健康と社会としての健康、双方がよい状態(ウェルビーイング)であることが大切です。
7. ひとつらなりの原則(Principle of Oneness)
   ひとつの母なる大地の上で、私たちはみなつながっています。

きな特徴は、サステイナビリティと幸福(Well-being)に焦点をあて、人間と世界の関係性を学べるように「7つのハーモニー原則」[*2]によって支えられていることです。この「7つのハーモニー原則」は、学校の理念として掲げられ、すべてのカリキュラムの中に編み込まれています。カリキュラムの構成にも特徴があり、各学年に学期を通した「問い」(Enquiry Question)と週ごとの「問い」(Weekly Question)が設けられ、授業を行う上でその問いを大切にしています。

アシュレイ・スクールでは、地域社会とつながりのある活動にも力を入れています。学期末になると生徒は、問いとともに学んだ成果をサステイナビリティ・プロジェクトとして作品やダンスで表現したり、地域のお年寄りを招き、紅茶を準備して学んだ成果を発表する場を企画する等、さまざまな形で友人や家族、地域の人々と学びを分かち合います。

そして前述した「7つのハーモニー原則」は気候変動教育の実践でも大いに生かされています。一例として、5年生の秋学期の学びの問

表1　5年生の秋学期の学びの問い

学年	5年生（9-10歳）					
秋学期の問い	川はどのような一生を送るの？					
週	1週目	2週目	3週目	4週目	5週目	6週目
週の問い	水の形はどんな形？	川はどのように始まるのか？	海の近くでは川はどのような変化をするのか？	私たちは川とどのように関わっているのか？	私たちは川をきれいに保つためにはどうすればよいのか？	私たちはどのように水を賢く使えばよいのか？

いを紹介します（表1）。

表1の問いは「7つのハーモニー原則」のうちの「循環の原則」にあたります。この問いのサステイナビリティ・テーマは、水の循環と水源と大海までの道程を理解し、水の保全方法について探ることです。サステイナビリティ・プロジェクトでは、水の消費をモニタリングし、水の大切さについて考えました。2018年度の学習成果として生徒は川の芸術展を開催しました。

また、最終学年では2006年以降毎年、課外学習としてフランスにあるシャモニーに5日間滞在し、「サステイナビリティにおける新たなリーダーシップ」プログラムを実施しています。このプログラムは、気候変動の影響を、「自分ごと」からクラスメート、そして世界へと目を向け、それぞれの幸福（Well-being）について考えます。目の前で溶けていく氷河を目の当たりにし、サステイナビリティについて深く考え、それぞれのアイデアをクラスメートや滞在先の現地の小学生と学び合います。

さらに、授業もさることながら、学校環境も環境に配慮したホールスクール[*3]での取り組みを行っています。具体的には、エネルギー・食べ物・リサイクルとゴミ・水・生物多様性・交通が挙げられます。エネルギーの取り組みは、ソーラーパネルとバイオマスボイラーを使った再生可能エネルギーの導入やエネルギー使用量をモニタリングできる「エコ・ドライバー」という装置を設置しています（写真1）。そのエネルギー使用量の記録は生徒が行っています。食べ物の取り組みは、学校内で農作物を栽培し、残飯等の生

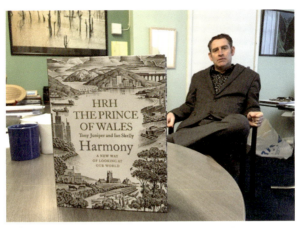

写真2　チャールズ皇太子のハーモニー原則に関する本

ゴミはコンポストを設置することで農作物の肥料へ再資源化に努めています。このコンポストの管理も生徒が行っています。リサイクルとゴミの取り組みは、ゴミのリデュース・リユース・リサイクルを推奨し、各教室にリサイクルボックスを設置しています。水の取り組みは、節水と使用済みの水を農作物へ使用するなどの工夫がなされています。生物多様性の取り組みは、養蜂を行っています。生徒がライフサイクルを学ぶ体験の場としても活用され、採蜜後はオーガニックハニーの販売も行っています。学校での飼育や校内菜園以外にも自生している生物が多くいます。交通の取り組みは、生徒と教職員の多くは自転車や徒歩で通学・通勤をしています。生徒が主体となり、地域の交通安全キャンペーンも行われました。このように、アシュレイ・スクールは問いと学びを暮らしへと結びつけているのです。

以上見てきたように、アシュレイ・スクールは「どこを切り取っても気候変動教育」のホールスクール・アプローチ実践校です。特に「ハーモニー」というビジョンのもとに色々なプログラムや活動が有機的に展開されている教育の在り方は日本の現場にも参考になるといえましょう。

（神田和可子・永田佳之）

＊1 エコスクールは、1992年の国連環境開発会議（地球サミット）で策定された国際プログラムです。主にヨーロッパを中心に幼稚園から大学まで67カ国で実施されています。

＊2 「9つのハーモニー　原則」は、イギリスのチャールズ皇太子の著書『ハーモニー：私たちの世界の新しい見方』（HRH the Prince of Wales, et al. Harmony : A New Way of Looking at Our World. Harper Collins. 2010）に基づいています。

＊3 このような取り組みをホールスクール・アプローチと呼び、学校全体で気候変動等の課題に向き合います。特に持続可能な開発のための教育（ESD）において強調されてきた、学校全体でESDを浸透させていく手法です。

※本文および扉で使用した写真はすべて、永田撮影。

column 10

気候変動教育にチャレンジする
箕面こどもの森学園

お芝居「ちーきゅんを救え！エコパワー大作戦」

「くるしかった！」「むしむしする〜！」
　低学年クラス（1〜3年生）の子どもたちが、大きなビニール袋の中から出てきました。「自分たちが地球だったらどんな感じかな？」というスタッフの問いかけから、大きなビニール袋に入って温度の変化を体感していたのです。
　「地球はずっと入っているから、もっと暑いと思う」などといった声が子どもたちから上がり、「地球レスキューだいけんきゅう！」が始まることになりました。
　学習では、「もったいないシール」を貼って全校にエコ活動を呼びかけたり、動物園を見学し温暖化が動物たちに与えている影響や、ボルネオ島の森林保護とオランウータンの保護活動のお話を聞いたりした子どもたち。
　「こんな地球だったらいいな」という願いをこめた大きな絵の制作と、「ちーきゅんを救え！エコパワー大作戦」というお芝居をつくり発表しました。

　高学年（4〜6年生）と中学部は、環境問題に取り組んでいる方々を講師に招き、地球環境の現実を学びました。CO_2を計測する器械や手回し発電を使ってのワークショップに参加したり、パーム油生産のために森林破壊が行われていること、パーム油は私たちの生活に深く関わっていることを学んだり、国連気候変動枠組条約締約国会議（COP）に参加している方のお話を聞いたりしました。
　ちょうどこの頃に、アメリカがパリ協定から離脱するという出来事が起きたため、アメリカの離脱について考える時間をもちました。漠然した不安をかかえていた子どもたちでしたが、「We are still in（私たちは、まだパリ協定の中にいる）」と主張する動きがあることなどが分かると、「少し安心した」とホッとした様子でした。

手回し発電を使ってワークショップ　　　　　地球レスキューこどもの森会議

　その後、子どもたちは、「動物への影響」「サンゴの白化」「気候変動と医療保険との関係」「温暖化は本当に起こっているのか」「気候変動と災害の関係」など、自分の関心のあるテーマについて調べ、学習発表会で発表しました。

　身近なことから取り組んでいくことの大切さを学んだ子どもたち。学びの集大成として、全校生徒による「地球レスキューこどもの森会議」を開催し、この学習が終わっても継続的に取り組んでいくことを決めました。
　会議当日。ゲストとしてお話にきていただいた方々や保護者の方だけでなく、地域の方や大学生など多くの方に参加していただき、「地球レスキューこどもの森会議」が始まりました。
　出されたアイデアを全員で共有した後、どのアイデアを学校全体で取り組んでいくかを話し合った結果、「明るいときは電気を消す」「できるだけうちわを使う」「トイレの流す水は小」「歩ける人はなるべく歩く」などの12項目が選ばれました。

　気候変動といわれても、遠い世界の話で、自分たちの生活とどう結びついているのか考える機会がなかった子どもたちでしたが、一つひとつの学習を積み重ねていく中で、自分と気候変動とのかかわりに気がついていきました。一人ひとりの意識が変化し、自分たちにもできる小さな行動の積み重ねが、大きな変化を生み出していくことにつながるということを学ぶ機会になったと思います。

藤田美保　認定NPO法人箕面こどもの森学園 校長

中学高校

middle school &
high school

1. 学校内の木々の下の落ち葉やドングリを拾う（幼稚園）
2. 約4,000本の樹木に囲まれたキャンパス
3. 9時、12時、15時の一日3回の気象観測では、天気・気温・湿度・降水量を記録する（女子部）
4. 収穫したカブ（初等部）
5. 学校林内で105mm角・3mの四方無節の柱を目指して、一本梯子で枝打ちをする（男子部）
6. 田植えから育てたお米は収穫感謝祭で餅つきをして食べる（初等部）
7. 3,000㎡の実習圃場
8. 昼食づくりのために校内の木を使った薪でご飯を炊く（女子部）

3 ホールスクールアプローチと気候変動

生徒・学生が育てたヒノキ・スギの材を使って2017年に完成した「自由学園みらいかん」（未就園児保育・初等部アフタースクールで利用）2018年度グッドデザイン賞受賞

　自由学園では2018年4月に環境文化創造センターを発足し、環境文化創造の地域活動・研究・教育の3つの分野を推進しています。「環境文化創造」という名前は、環境についての学びが、私たちの生活、そして社会の新しい在り方、新しい未来を創り出していく学びへと発展する願いが込められています。本節では、現在進めている環境文化創造のホールスクールアプローチとその中における気候変動教育（CCE）、さらに河川と水資源、森林と木の利用、生物多様性、農と食、住まいと暮らし、資源とエネルギーのそれぞれと気候変動の関わりを通して気候変動の多角的な理解に取り組んでいることをお伝えします。

● **環境文化創造の　ホールスクールアプローチ**

　自由学園のホールスクールアプローチには3つの特徴があります。①幼稚園から大学部までの19年間の一貫教育全体での取り組み：幼稚園から大学部の生徒・学生が同じキャンパスで生活しています。②カリキュラムからキャンパス・コミュニティ（3つのC）への展開：東京都東久留米市にある敷地面積10万㎡のキャンパスは約4,000本の樹木に囲まれ豊かな自然の中で四季の変化を感じることができます。校内には小川（立野川）が流れ、武蔵野の自然を残したキャンパスでは環境に関わるさまざまな学びが展開されています。また東久留米市には緑地も多く、大学部の学生は授業の一

環として地域保全活動に取り組んでいます。2019年度からは東久留米市と自由学園の間の包括的連携協定に基づいて、環境に関わる教育研究・生涯学習や協働のまちづくりを市と共に進めていくことが始まります。

③学習と活動の全体を3領域9分野に整理：各分野について、幼稚園から大学部までの縦のつながり、教科や活動の横のつながりを強めていくことを考えています。3領域9分野と3領域の目標は表1の通りです。

● 気候変動教育

全校の9分野の学習と活動のつながりを可視化するための関係図を作成しました。「気候変動」の部分を抜き出すと表2のようになります。

世界の課題を視野に入れつつ、年齢と共に学内の目標に向けて力をつけていくことを考えています。1950年以来継続して気象観測を続けており、校外学習や屋外での学校行事がある時には、前日に気象の係の生徒が天気予報を発表することが

表1　環境文化創造の3領域9分野と3領域の目標

環境文化創造に関わる内容の区分			
3領域	自然	社会	生活
9分野	河川と水資源	資源とエネルギー	農と食
	森林と木の利用	気候変動	住まいと暮らし
	生物多様性	公害と汚染	衣生活
3領域の目標			
自然	いのちと環境の調和が保たれるために水と緑と生きものを守り育てる（エコロジカル）		
社会	環境を守り有限な資源が循環し続けるための生産と消費の関係をつくる（サステイナブル）		
生活	生産から廃棄までの過程で環境負荷が少ないものを選んで使って暮らす（エシカル）		

表2　「気候変動」幼稚園から大学部の縦のつながり・教科や活動の横のつながり

幼	校内を歩き四季や天気の違いを知る
小	気象観測結果を昼食時間中に発表、天気と温度、気象情報と天気の変化、太陽の動きと高度
中	理科：気象（露点と湿度・気圧・天気図の描き方・前線と気団（偏西風）、太陽の運動（日周運動・年周運動）　地理：世界の気候について
高	理科：地球大気の熱収支・大気の大循環・温室効果と温暖化、気象観測とデータの蓄積　地理：ケッペンの気候区分、台風・雪の前日対策、光化学スモッグ・熱中症注意報の連絡
大	校内観測ポイントの水文・気象自動観測システム、観測データの校内への配信、内外データの応用
学内の目標	気象観測や天気図の勉強を通して、気候変動の実態を知り、それに伴って生じる環境や生活への影響を考え、その要因となる温室効果ガスの排出を抑えた暮らしと社会をつくる
世界の課題	気候難民の発生、氷河の融解と海面上昇、食糧生産の危機、感染症の拡大、気象現象の極端化による被害（洪水・干ばつ・竜巻など）

③ 組織でできるアクション

稲刈り（初等部）

習わしになっています。現在、気象自動観測装置の整備・拡充を進めデータが蓄積されつつあり、取得したデータを教育・研究・各種マネジメントに活用することを目指しています。

● 気候変動の
  多角的理解を目指して

気候変動と他の分野との間のさまざまなつながり（表3）を学ぶことにより気候変動を多角的に理解することを目指しています。

河川と水資源：東久留米市は、畑・山林をはじめ緑地が15％あり、湧水が出る水が豊かな地域で、学内の水道の80％以上を井戸水に頼っています。校内を流れる立野川の水位流量の計測・生きもの調査、新河岸川水系河川調査への参加、市内の緑地や湧水地の保全活動に協力しています。

森林と木の利用：男子部高等科の生徒は飯能市上名栗の学校林10ヘクタールに1935年に自分たちの手で植林した森を今日まで育ててきています。中等科では1940年から自分が使う机と椅子を自作しており、2016年には新たに11台の大型機械を備えた木工教室が完成し加工の精度も高くなりました。植林から木の利用までの流れをつくり上げることができ、2019年からはSGEC（緑の循環認証会議）森林認証を受けた木工製品がつくり出されます。

生物多様性：宅地化による環境影響を調べるため1964年から24年間男子部中等科3年生が毎月バードセンサスを行いました。現在、キャンパス内に野生植物観察実験区を設

表3　「気候変動」分野と他の分野との間のつながり

	気候変動に対する抑止効果
河川と水資源	水資源の保全⇒猛暑の緩和（水の比熱が大きいため） 緑地や湧水地の保全⇒ヒートアイランド現象の抑制
森林と木の利用	CO_2の吸収源の確保⇒空気中の温室効果ガスの減少 保安林の役割⇒豪雨時の土砂災害などの防止
生物多様性	気候変動による生物多様性への影響⇒気候変動への警告
農と食	地産地消によるフードマイレージの削減⇒温室効果ガス排出量の抑制
住まいと暮らし	節電・省エネルギー、大量消費ライフスタイルの見直し⇒発電・エネルギー消費に伴う温室効果ガス排出量の抑制
資源とエネルギー	再生可能エネルギーの電源比率の高い電力会社への切り替え⇒温室効果ガス排出量の抑制

昼食づくり（女子部）

代々の先輩が育てた木を使って机・椅子をつくる（男子部）ウッドデザイン賞2018受賞

けて保護・観察をするとともに、地域の方々を対象に自然観察会を春秋に各1回ずつ開催しています。

農と食：小学生は野菜やコメづくり、中高生は実習圃場（3,000㎡）で野菜づくり、男子部中等科3年生は畑での生産以外に、養豚、養魚、果樹のグループに分かれて食糧生産を行っています。女子部（中等科・高等科）では創立当初から生徒が昼食づくりをしています。栄養や調理の勉強に加えて、生徒のリーダーを中心にして仕事を分担し、タイムスケジュールに沿って仕事をすることも学びます。男子部でも高等科2年生が昼食づくりをします。食器洗いなどの後始末、残滓などの処理も生徒が分担して行います。これら生産・調理・食事・後始末までの食の循環とともに地産地消や地域の特産作物の重要性を学んでいます。

住まいと暮らし：校舎やキャンパスの日常の管理・改善は生徒の委員会を中心に生徒の手で行っています。生徒を含む全校の代表者による「生活環境委員会」ではゴミに関する問題と節電節水について月ごとの排出量や使用量のデータに基づいて話し合いを行い改善を呼びかけています。

資源とエネルギー：2018年11月に電力会社の契約先の見直しを行い、「再生可能エネルギーの電源比率が高い」「電力を供給している発電所の内容が開示されていて、発電所に環境負荷などに関わる懸念がないことが確認できる」の2点を重視し、経済性も考慮して新しい電力会社に切り替えを行いました。私たちの身の回りで起きている問題は、社会の問題とつながっており、それらを考えることは私たちの未来を考えることになります。

（鈴木康平）

column 11

スマホと気候変動と学び

「あなたが今もっているスマホは何台目ですか?」と尋ねられたら、答えられますか? すぐに正確な台数を言うのは難しいでしょうか? スマホを買い替えたことがある人は、その理由は何でしたか?「落として画面が割れた」「バッテリーのもちが悪くなった」「新しい機種が出た」「2年契約が終わったから買い替えた」などでしょうか?

　2018年、開発教育協会（DEAR）の「スマホから考える世界・わたし・SDGs」というワークショップを開催しました。その内容によると、携帯・スマホの契約台数は日本では1億6,000万件、世界では79億件にものぼります。その数は世界人口を超えています。日本のスマホの年間出荷台数は約3,000万台。廃棄される数も相当数あることは想像に難くありません。

　スマホには約1,000個もの部品が使われています。それらの部品の元となる鉱石は、どの地域で採れるでしょうか? 私はアフリカだと思っていましたが、南北アメリカ、アジア、ヨーロッパ、オセアニアなど世界各地だそうです。その代表的な鉱石に「タンタル」があります。タンタルは電気を蓄えることに非常に優れた特性をもっており、スマホやパソコンなどに使われています。そのタンタルは、遠く離れたアフリカのコンゴ民主共和国（以下コンゴ）で主に採れますが、石の状態からスマホになって日本に到着するまで、どんなルートをたどってくるのでしょうか? コンゴで採れた鉱石がベルギーの精錬所に運ばれて加工され、それがタイに運ばれて部品が製造され、その部品が中国に運ばれて組み立てられ、そして日本でスマホとして販売されます。その移動距離は約2万km。地球を半周して私たちの手元に届いていることになります。そしてコンゴでは、タンタルなどの天然資源が豊富にあるが故に、問題も起こっています。鉱物資源を資金源として武装組織が争いを繰り広げ、犠牲者が出ています。また、タンタルの採掘のために森林が伐採されたり、ゴリラなどの動物の生息が脅かされたりしています。コンゴの人の言葉に「争いは外からもち込まれた」という言葉がありました。

ワークショップ参加者の振り返り

　私たちはこのような現状をどれほど認識しているのでしょうか？　そして日本ではこのような現状について知り、考える学びの場が、どれほどあるのでしょうか？
　ワークショップ参加者の振り返りに、「普段使っているものにさまざまな問題が潜んでいることを初めて知りました。その背景について考えながら生活していきたいです」とありました。その「さまざまな問題」の中には、鉱物をめぐる紛争や人権侵害をはじめ、採掘現場における環境破壊や生物多様性の喪失、そして輸送距離が約2万kmというマイレージなど、地球温暖化にも関わる要素がたくさん見つかるのではないでしょうか？
　2015年、国連総会で「持続可能な開発目標（SDGs）」が策定されました。そのゴール12に「つくる責任つかう責任」がありますが、「知らない」「考えない」ということが、その「責任」から逃れ、結果として人権や環境への悪影響に無意識のうちに加担しているのではないでしょうか？　2018年、COP24で国連事務総長が「地球温暖化は生活と命の問題」と述べているように、ゴール13の「気候変動」は喫緊の課題であり、その影響は私たちの足元に確実に届いてきています。スマホと気候変動。一見何ら関係がなさそうですが、知ることを通してつながりが見えてきます。つながりが見えてくれば関心をもって自分ごととして考え始め、「責任」も生まれてくるのではないでしょうか？　そしてその責任は、持続可能な生産消費形態の確保にとどまらず、気候変動に対する責任にもつながります。そのためには、「知る」「考える」という「学び」が欠かせません。タンタルが2万kmも移動してやってくるように、私たちも今いる場所から地球を巡る学びの旅に出てみませんか？　あなたの手元にあるスマホが、「学び」の一歩を踏み出すきっかけになると思います。

小黒淳一　新潟県佐渡市立新穂中学校教諭

column 13

気候変動を〈自分ごと〉にする学びとは

　次のようなことをしたことがありますでしょうか。
(a) 干上がった湖や畑・やせ細ったホッキョクグマ等、気候変動の影響を受ける自然や生き物の画像・動画を視聴する。
(b) 気候変動の影響を知ることのできるカードゲームをしたり、地球温暖化シミュレーションを視聴する。
(c) 気候変動の影響を受けている地に赴き、その現状を体感するとともに、現地の人々のお話を聞く。
(d) 身近な世界で起きている気候変動による影響について、文献やウェブサイトで調べる。
(e) 気候変動の現状と要因を踏まえ、問題解決策を考えたり、自らの日常生活でできることを考え、実践する。

　これらの一部でもかまいません。ぜひ、実践してみてください。上記のいずれかの用語をネット上で検索してみれば、すぐに関係する情報にアクセスすることができます。そして、気候変動を〈自分ごと〉にする学びの入り口に立つことができるでしょう。

　とはいえ、「そうはいっても、自分の日常生活にリスクを感じないので〈自分ごと〉にはならない」「頭では理解できるけれど、日々の暮らしの中ではもっと他のことに意識が向くので、忘れてしまっている」「私の小さな実践が気候変動の緩和に役立つ実感がない」といったような思いが残るかもしれません。確かにそうですね。気候変動を〈自分ごと〉として捉える、そして緩和に向けた実践を行うことは、そう簡単なことではないのかもしれません。

　では、「私たちは気候変動の影響を受ける側の存在だけでなく、気候変動に加担してしまっている側の存在でもある」ということを知ったら、どうでしょう。自分にはリスクはないと感じても、そして安全で楽しい生活の中で気候変動の悲しい現状を感じる機会は日常生活にはあまりなくても、そのような状況・生活であ

ること自体が、実は、気候変動に加担することにつながっていることもあるのです。それはファッション、飲食、電力消費、洗濯・入浴等、本書の至るところで説明されています。翻って考えれば、それらの日常生活を少しだけ変えていくことで、「気候変動への加担の軽減」という意味で気候変動を〈自分ごと〉にする学びの入り口に立つことができるのです。

　いやいや、とはいえ、「やっぱり、自分に被害が及ばなければ〈自分ごと〉にはならない」「加担しているといわれても、それを実感できないので〈自分ごと〉にはならない」「それは消費者の私ではなく、生産者・仲介者側が改善しなければならないことではないか」「洗濯・入浴やスマホの使用の回数を減らすなんてできない」といったような思いが残るのもまた事実なのではないでしょうか。確かにそうですね。やはり、気候変動を〈自分ごと〉として捉える、そして緩和に向けた実践を行うことは簡単なことではなさそうです。

　さて、どうしましょう。気候変動を〈自分ごと〉にする学びを放棄しましょうか。悲しく、難しい問題です。では、ここで「気候変動を〈自分ごと〉にする」に対していったん肩の力を抜いてみましょうか。そして、身近な人が次のような言葉を心底から語りかけてくれる時を待ちましょう。

　「気候変動で私の知人が住む世界が大変なのです。お願いです。助けてください。気候変動が、そして気候変動の緩和への実践が、あなたにとって〈自分ごと〉になるためには、私には何ができますか？」

　きっと、あなたは素晴らしい回答をなさるでしょう。そして、身近な人は最適な応答をしてくださり、あなたにとって「気候変動が〈自分ごと〉になる」でしょう。〈自分ごと〉になるための解は、「私たちそれぞれ」の内にあり、「大切な他者」との応答性の中で育まれていくのです。

杉原真晃　聖心女子大学文学部教育学科准教授

大学
university

1. アトランティック大学（COA）の図書館と昼食をとる学生
2. 冬のCOA。正面がサステイナブルデザインの図書館
3. COAの授業風景
4. パリの会場にてCOP21の派遣団（左端が筆者）
5. 湿原で生態系の調査を行うCOAの学生（右から二人目が筆者）
6. COAの授業風景
7. 授業のメモをとるCOAの学生
8. COAが所有する離島の研究所に向かう学生
9. COAのキャンパス。教室、会議室、事務所として使われている石造りの建造物（手前）とサステイナブルデザインの図書館と食堂（中央奥）

※4、5以外すべての写真＝Photos : courtesy of College of the Atlantic

College of the Atlantic
アトランティック大学の気候変動アクション

　アメリカの北東部、メーン州の島に建つアトランティック大学（College of the Atlantic 以下、COA）は1969年、第2次世界大戦やベトナム戦争を経験する中で、社会の持続可能性に疑問をもった平和活動家、司祭、社会起業家によって創立されました。米国初の人間と自然の共存と持続可能性を探求する大学として定評があり、自然環境に配慮した大学ランキング（プリンストン・レビュー）で2016年以来3年連続で全米No.1の評価を得ています。2014年から2018年まで在学し、大学を代表してパリ協定が合意された国連気候変動枠組条約第21回締約国会議（COP21）にも参加した筆者の経験を踏まえ、この大学での学びを紹介したいと思います。

● 授業カリキュラムにみる持続可能性

　COAは環境・社会問題を含め、現代社会への理解を深めるには現象を単純化するのではなく、多角的に捉えることが大切だと考えています。そのため、学びも学部や学科という分け方をしていません。学生は文系、理系、芸術といった枠組みを超え、ヒューマン・エコロジー（人間生態学・人間環境学）を学ぶ中で、現象の総合理解を深め、物事の関連性と解決策に目を向けます。

　通常授業は平均12人ほどのゼミ形式。学科という枠組み、教室という壁、国という境を超えたCOAでの学び。学生はCOP（締約国会議）などの国連会議に参加するとともに太陽光パネルや風車をキャンパスに設置し、大学のエネルギー生産量と消費量、投資回収率などを計算します。自然の美しさや儚さ、失われつつある生態系、伝統文化を絵画や写真にとどめ、感性を通して持続可能な未来づくりを訴える学生や、気候変動をテーマに作曲する学生も少なくありません。また、建築の授業では設計図や模型づくりだけでなく、アイデアを反映させた小屋を建てます。環境保全の授業では河川が社会や生態系に与えてきた影響を歴史、政治、法律的視点から学び、カ

ヌーで川を下りその実態を視察します。社会起業を学ぶ学生は授業を通してプロジェクトやビジネスを起業するなど、理論を体験と実践を通して理解する授業がCOAにはあります。その学びを通して学生は幅広い視点から持続可能な社会づくりを検討し、それを行動に移す実践方法と自身の可能性を探ります。

● **日々のキャンパス生活を持続可能に**

2013年、COAは化石燃料への支出を止めた米国最初の大学となりました。COAの環境に対する問題意識と気候変動教育の実践は授業カリキュラムのみならず、大学のエネルギー源、校舎の設計、キャンパス内での食の循環やゴミの処理など、日々の生活にも反映されています。新しく建てられた学生宿舎の電力は屋根に取り付けられている太陽光パネルで賄われており、トイレは排出物を再利用するバイオトイレが取り付けられています。バイオトイレでは水の代わりにおがくずが使われ、好気性微生物を活発化させ堆肥化するため、定期的に学生によって撹拌されます。暖房にはサステイナブルかつ地元の経済を支える木質ペレット（小粒の固形燃料）が使われています。現場での実践的な学びを大切にしているCOA。大学校舎の設計にも学生が深く関わりました。

近隣には1.2㎢ほどの野菜や家畜の有機農場と森林を運営しており、毎日大学の食堂には農場の食材が並びます。また、食べ残し等の生ゴミは農場で堆肥化されます。農場は土壌分析や草・昆虫の識別、畑の設計、木の剪定など有機農業の理論と実践の研究フィールドとしても使われています。農場のエネルギーは学生が研究の一環で設置した太陽光パネルと風力発電で賄われています。卒業生を含め4人のスタッフと学生がシフト制で働いており、野菜や家畜の世話、堆肥づくりはもちろん、家畜の解体も学生が一端を担います。食堂では外から購入する食材も有機のものや地元の食材を優先的に購入し、地産地消の循環、自分たちが信頼する農法や製造方法を支えることを大切にしています。

農場の屋根に太陽光パネルを取り付けるCOAの学生

2017年に10年間で廃棄物を90%カットする大学運営政策を打ち出したCOA。COAには「ゴミ」という概念はなく、人間の価値観によって資源が廃棄されていることを強調するため、通称のゴミは「廃棄された資源」と呼ばれています。学生を主導に毎年ゴミ監査も行われます。1週間の学内のゴミが集められ、ゴミとして処分されたものの中から生ゴミとリサイクルを分別します。分別前と分別後のゴミの重量を記録し、ゴミとして処分されていた生ゴミやリサイクル等を展示することで、再生可能なものもゴミとして処分している日頃の行いを明るみに出します。

ゴミ監査にてゴミとして処分されていたリサイクルを分別するCOAの学生

● **地域とつながる持続可能な社会づくり**

　COAでは学内の持続可能性だけでなく、地域と連携した持続可能な社会づくりも大切にしています。卒業後、この辺りにとどまる学生も多く、町には卒業生が起業した地産地消をテーマにしたレストランやカフェが並んでいます。週末には近隣のスーパーから引き取った廃棄される食材を利用して学内無料ランチを開くなど、無駄になる食材の減少化に努める活動も行われています。

　毎週COAの学生が地元の小学校の社会または理科の授業を受け持っており、食の循環や畑づくりの授業をしています。私も教育実習に行った際にはゴミの循環の授業をし、校内のリサイクルシステムをテーマにした国語（英語）のカリキュラムを作成しました。地元の高校生がCOAの太陽光パネルや再生可能エネルギーの生産過程見学にくることもあり、COAを原動力に学校や町が一体となって気候変動教育に取り組んでいるといえるでしょう。また、2016年には地域の住民、企業、町によって島でのエネルギーの地産地消を目指す活動が始まりました。この先COAだけではなく、地域が主体となってこの課題に取り組むことで、持続可能な社会づくりへの関心が一層高まることが期待されます。

● **国連会議・COP21への参加体験から学んだこと**

　私がCOAで学ぶことを選んだのはバイオトイレの設置など、大学の理念を言葉だけでなく日々の生活で実践していることに信頼を抱いたか

らでした。特に気候変動や環境問題に興味があったわけではなく、入学当初は自然環境や生態系に対する生徒の熱心さに圧倒され「環境問題」という言葉に拒否反応を感じていたほどでした。しかし、持続可能な開発目標（SDGs）の国連会議に参加したのをきっかけに、気候変動は自然環境だけではなく、文化や伝統も破壊する問題であること、二酸化炭素（CO_2）排出量の増加の背景には先進国の経済発展があることに気づかされました。これを機に気候変動を自然現象としてではなく、社会現象として捉えるようになり、身近な課題と感じると同時に関心と責任感をもつようになりました。国連気候動会議の構成、歴史、京都議定書などを含め今までのあゆみ、パリ協定の主要な論点などを学び、参加したCOP21。日本のCO_2削減目標の公平性を日本政府・外務省に問い、若者の声をまとめた文書の作成に関わった会場での経験。COAは議会の背景や論点を理解した上で市民の声を届ける者、また議論内容を一般用語に置き換える市民と議会のかけ橋として学生を毎年派遣しています。議会中はブログを通して、議会後は他の大学や地域を回りながらプレゼンテーションや勉強会を催し、パリ協定の内容と意義を共有しました。

COP21に参加し、気候変動が複雑かつ壮大な課題であることを思い知った私たち。身近なエネルギー問題の理解を深めようと、物理と数学の視点から自然エネルギーの可能性を学んだ学生も少なくありません。教授と電力需要を100％再生可能エネルギーで賄っているデンマークのサムソ島にインタビュー調査にも行き、化石燃料脱却への道のり、エネルギーの生産と節約の工夫やしくみを学びました。再生可能エネルギーで100％地域の電力需要を賄うことが可能であることを目の当たりにし、他の地での実践の可能性と責任を感じました。サムソ島の取り組みがCOAの島のエネルギー独立の原動力となったことはいうまでもありません。

COAでは経済的環境に関係なく、どの学生も自身の興味関心を追求できるよう、学外の学びを援助する基金や奨学金を設けています。COP21の参加もサムソ島への研修もこの奨学金の上にあった学びです。

COAでの気候変動教育、それは自分と未来を信じ、行動し続けることなのではないでしょうか。気候変動は持続可能な未来のために、人類が共に助け合う最後で最高の機会なのかもしれません。

（吉田眞希子）

column 13

ボルネオのスタディツアーと気候変動

時流と教育

　1968年に人々は写真を通じて、地球が宇宙に浮いている有限な存在と知りました。それから50年がたち、私たちは環境的にも資源的にも、限界を迎えている地球に直面した人類最初の世代となりました。果てしない便利さと快適さを求めた時代から、有限である自然資本との共生を考える価値変容が急速に求められています。

　2015年に英科学誌に発表された論文では「現在は地球史上6度目の大量絶滅期」と現在の地球の状況が表現されています。5回目までの大量絶滅は宇宙が原因でした。しかし6回目の大量絶滅の原因は、地球生命体の中で、3％の種にすぎないヒトが原因と考察されています。

　また、「2018年から2100年の世界の平均気温上昇は、1986年から2005年の平均値よりも最小で0.3℃、最大で4.8℃上昇する」と予測されています（気候変動に関する政府間パネル：IPCC第5次評価報告書）。2018年の夏は、この予想を裏づけるかのように、世界各地で多発する異常気象や自然災害の規模や発生頻度が拡大し、気候変動を肌身感覚で感じる深刻な状況でした。1972年に発表されたメドウズらの未来予想（成長の限界）では、人類が、このままの生活を継続すれば、2030年から2040年には、環境汚染と利用可能な自然資源の激減によって、経済的な破局が予想されています（図1）。しかも、1970年から2000年においては、その予想図通りの資源消費が続いており、世界では、迅速に解決に向けた具体的な行動が求められています。

　ここで教育の影響は大きいのですが、現在の教育界では「知る」で終わり、その「知る」を確認する試験が目的化しているように感じます。時代が直面している地球規模の課題解決に向けて、教育こそ、大きな変化が求められる時代だと思います。

「知る」から「行動へ」の教育デザイン

　私は、地球規模のこれらの課題を認識し、価値変容から行動変容に促す仕掛けとして、五感に触れる教育フィールドを求めていました。また、この課題解決

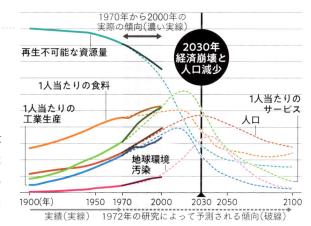

図1　マサチューセッチュ工科大学 デニス・メドウズの未来予想（『成長の限界』をもとに作成）

に向けて、日本だけでなく、国を超えた交流により、具体的な行動をともに生み出すことも急務と考えていました。

このフィールドとしてボルネオ島の熱帯雨林と出会いました。熱帯雨林は地球上の陸地の7％しかないにもかかわらず、地球上の50％以上の生物が生息すると推測され、生物多様性の宝庫です。また、地球レベルの二酸化炭素濃度にも大きな影響力があることが示唆されています。そんな熱帯雨林の減少は、1960年頃から木材調達のために大規模に伐採され、1980年代からはパーム油を生産するためのプランテーション開発が急激に進んだことが原因となっています。木材も、そしてパーム油も日本人は消費者として大量に消費し、熱帯雨林の伐採を代償にした自然資源に頼った生活をしているのですが、この現実を多くの日本人は認識していないのです。自分たちの無意識の消費が、気候変動に大きな影響を与えているともいえるのです。

フィールドをボルネオに決めたきっかけは、ある1人の学生の誘いから、ボルネオ保全トラスト・ジャパン（BCTJ）と出会ったことが始まりでした。BCTJは、「動物と人が共に生きる社会をつくり未来につなぐ」を活動理念として、生物多様性の宝庫といわれる熱帯雨林の保全と生物多様性保全活動を実施しています。消費者である日本と生産者であるボルネオ（マレーシア）の架け橋となり、現地に入って尽力している団体です。2015年の3月、BCTJ創設に尽力された坪内俊憲氏（現在・BCTJ特別顧問）による現地の案内で、熱帯雨林減少の現場や、野生動物の危機の現状、現地学生への啓発活動、植林活動および残された自然に生息する生物の多様性を五感で感じる経験をしました。この経験を日本の学生にも追体験してほしいと思い、BCTJと協働による中高生対象ボルネオ島スタディツアーを2015年の12月から企画しています。その後、2016年の12月、2017年の

column 13 ボルネオのスタディツアーと気候変動

地平線まで広がるアブラヤシプランテーション。元は熱帯雨林

8月、そして2018年の8月と4回実施してきました。渡航する中高生は都内の学校に通い、学校を超えて公募して集まった17校89名（4年間のべ数）の中高生たち。フィールドは、ボルネオ島のマレーシア・サバ州。ここでは、熱帯雨林が切り倒され、パーム油を採取するためにつくられたアブラヤシのプランテーションが地平線まで拡大している現場を視察することができます。一方で、ボルネオの森や川をトレッキングすると、実に多種多様な動植物を観察できます。この2つの体験だけで、アブラヤシのプランテーションの拡大は生態系を大きく変え、もともとあった熱

現地学生と持続可能な社会に向けてのアイデアを出し合う話し合いの様子

帯雨林の多様性を失わせ、現地に生息していた固有種の生活の場を消滅し、絶滅の危機に追いやっている現状を痛烈に感じることができます。さらには、アブラヤシのプランテーションになったことで現地の人たちの所得は増え、便利で快適な生活を求める現地の人々の姿も理解できるのです。現地学生との交流も、このツアーの大切なコンテンツにしています。現地の学生は、プランテーションによる生態系の破壊を把握していないことがよく分かります。一方で日本人は、採取されたパーム油を原料として作られるカップ麺やアイスクリームなどの食品や、石けんや洗剤、化粧品など、毎日の生活の中で広く使われている製品が、プランテーションによって生産されるパーム油から作られ、大量に消費していることを知らずに購入を続けている現状もあるのです。加えて日本では、石油由来の原料から天然素材を原料とする製品への転換として、地球にやさしい製品として植物原料への転換が進められ、消費を促進している現状もあります。私たちは、知らないうちに、熱帯林伐採の恩恵を被っているとともに、熱帯雨林破壊および気候変動の加害者になっているのです。渡航した生徒たちは、このジレンマを、現地で五感を通じて感じとります。この「経験」をさせることがツアーのねらいです。この「経験」によって、生徒たちは課題解決に向けて、実にさまざまな疑問をつく

り出し、解決に向けて行動を始めます。

SDGsを活用してさらに発展

　知識ベースで理解していた「熱帯雨林の保全」「気候変動への具体的な対策」をどのようにして現地の人たちと一緒に取り組んでいこうかと思って渡航した中高生たちは、教科書やマスメディアで学んだ知識と現実があまりにも違っていることに衝撃を受けます。単に開発をストップさせれば問題が解決できるほど現実は簡単ではないこと、互いに両立の難しいトレード・オフの関係が入り組んでいることに気づかされるのです。そして解決への壁がものすごく高いことに頭を抱えながらも、それでもどうしたらよいのか必死に自分で考え始め、学びを深め、自分たちにできることは何かを全力で考えていきます。帰国後は、校内発表はもちろん、仲間と一緒に学会で口頭発表やポスター発表、大学やNPO・NGO主催のシンポジウムへの参加など、能動的な「行動」に変容していきます。また、大学進学の目的を明確にし、学習に打ち込む生徒もたくさんいます。受験勉強が「目的」から「手段」に変わるのです。

　2015年には、国連で全会一致で採択された「持続可能な開発目標（SDGs／エス・ディー・ジーズ）」が発表されました。「誰も置き去りにしない」というSDGsの理念にも共鳴し、社会課題を見る「窓」となる良いツールであるため、2年前からSDGsも活用しながら、さらに活動を広げています。SDGsを活用すると、今まで連携が困難であった動物園や水族館、さらには企業との協働によるシンポジウムやワークショップの開催が実施できるようになるなど、社会とつながったアクションが次々に生徒全体で生まれています。SDGsの目標4にあるターゲット4.7には「持続可能なライフスタイル、グローバル・シチズンシップ、全ての学習者が持続可能な開発を促進するために必要な知識および技術を習得」と表現されています。ターゲット4.7を実現する教育デザインは、フィールドを軸に、社会課題を「自分ごと化」し、その後は社会とパートナーシップを組んでアクションしていくデザインなのではないでしょうか。そして、この教育活動の積み重ねが、気候変動への解決行動につながる教育デザインであると信じています。

山藤旅聞　新渡戸文化小中高校教諭・学校デザイナー　未来教育デザインConfeito設立者

企業

company

BEN & JERRY'S

ベン&ジェリーズとは

「ベン&ジェリーズ」は、1978年にベン・コーエンとジェリー・グリーンフィールドがアメリカバーモント州で創業した、スーパープレミアムアイスクリームブランドです。濃厚なアイスにチャンク（チョコやクッキーなどの具）がゴロゴロと入ったおいしさは、今では日本を含め世界39カ国で愛されています（2018年12月現在）。本節では、アイスクリームビジネスを通して、楽しく社会を変えることを目指している「ベン&ジェリーズ」が企業として実践する気候変動問題へのチャレンジについてご紹介します。

> まず、ベン＆ジェリーズのビジネスと価値観について語る上で欠かせない要素である、3つの使命(＝企業理念)についてご説明します。

製品における使命

「自然由来の主原料を使用し、環境にも配慮した最高品質のアイスを製造・販売すること」

経済的使命

「企業体として利益を創出しステイクホルダーに還元すること」

社会的使命

「企業としての社会的責任を実践すること」

私たちの存在意義は、「おいしいアイスクリームのビジネスを通して利益を創出し、社会をよりよいものにする」ことだと考えているのです。

気候変動に関する Ben&Jerry'sのチャレンジ

● **ベン&ジェリーズの社会的使命**

　私たちが考える「社会的使命」とは、単に売り上げの一部を寄付に充てることではありません。公平な社会の実現に必要だと判断すれば、世界中のさまざまな社会問題に声を挙げ、率先して活動をすることです。例えば、人種問題や難民問題、性的マイノリティ（LGBT）の権利問題、選挙の投票促進、気候変動問題などに取り組んでいます。一見、アイスクリームとはかけ離れたトピックばかりのようですが、「公平性」というブランドの信念のもと、消費者やビジネスパートナー、各地のNGOの皆さんと協力して活動を続けているのです。

● **まじめなことを、楽しく伝える**

　前述のとおり、私たちは企業の責任として、社会課題を解決することに真剣に取り組んでいます。しかし、それと同じくらい「楽しく活動する」ことを大切にしています。この精神は、創業者であるベンとジェリーの言葉によく表れています。ベンはかつて「企業には得たものを社会に還元する責任がある」と言いました。一方でジェリーは「楽しくなければ、やる意味はない！」と言います。難しいことをただまじめに訴えるだけではなく、真剣なメッセージを、私たちらしいユニークな方法で、楽しく伝えることが大切だと考えています。

● **ベン&ジェリーズと気候変動**

　あらゆる問題の中でも、気候変動は大変な脅威であり、今世界が直面している最も緊急性の高い問題です。2002年に世界温暖化対策のキャンペーンを開始して以降、私たちは環境負荷を削減するためにさまざまなアクションを取ってきました。

　まず、製造におけるエネルギーや資材を見直しました。ヨーロッパの工場では、アイスクリームの製造過程で生まれる廃棄物からクリーンエネルギーをつくり出すバイオ・ダイ

写真1　セイブアワスワールド　　写真2　アースパレード

ジェスター（チャンキネーター）を設置し、エネルギー効率の改善をしました。アイスクリームのパッケージには、FSC（森林管理協議会）が認証した紙材を使用し、森林の長期的な保護に努めています。アイスクリームの主原料であるミルクの製造過程では、通常は電力の使用や牛が発するガスで二酸化炭素（CO_2）を多く排出するのですが、私たちは牛のエサの改良や代替エネルギーを使用することによって環境への負荷を軽減しています。また、ビジネス全体を通して環境に与えるインパクト（温室効果ガスを含む）をあらゆる角度から長期的に計測し、毎年そのレポートをホームページで開示しています。

もちろん、これらの活動に満足しているわけではなく今後も改善を続けていく予定です。

● 気候正義の考え方

ベン＆ジェリーズは気候変動を単なる環境問題としてではなく、公平性や人権、正義に関わる問題として捉えています。なぜなら、問題の原因となるCO_2は日本を含む先進国を中心に多く排出してきたにも関わらず、その代償を払わされているのは、気候変動対策のために十分な資源を有さない発展途上の国々だからです。原因をつくった日本を含む先進国が、より積極的にアクションを取るべきなのです。

2015年4月、私たちは気候正義のための独自のキャンペーン「愛とアイスで地球を救え！溶けちゃうと困るから（英名 "Save Our Swirled! If it's melted, it's ruined"）」を世界中の国々で立ち上げました。言葉遊びが大好きな私たちは「アイスも地球も溶けちゃうと困るから、今みんなで活動しよう」という意味をキャンペーン名に込めました。同年11月のCOP21（国連気候変動枠組条約第21回締約国会議）を前に、気候変動問題対策への市民の声を政府に届けることを目的として各地で活動を始めたのです。

写真3　ベンジェリでんき提供者

写真4　ベンジェリでんき使用イメージ

● 日本での気候正義キャンペーン

　気候変動については日本でも長い間議論されてきましたが、自分自身と関連する問題として捉えられていないことも多いため、まずは問題への関心を高めることから活動を始めました。キャンペーン名を拝した新フレーバー「セイブアワスワールド」（写真1）を発売し、店舗やSNSでも情報を拡散しました。また、抜本的なエネルギー改革を政府に求めるために、COP21を前に東京と京都にてNGOや企業、市民の皆さんと協力して「アースパレード」（写真2）、いわゆるデモ行進を行いました。市民が団結して声を挙げ、一刻も早く大きく舵をきる改革を政府に求めなければ、未来の子どもたちに美しい地球環境を残していくことはできないからです。当日は各団体がそれぞれに音楽や衣装、プラカードを持ち寄り、真剣に、かつ楽しく行進をしました。

　ベン＆ジェリーズもパレードに参加し、当日の参加者にはアイスクリームを無料でプレゼントして、パレードの成功を共に分かち合いました。

　翌2016年4月、日本で電力問題に大きな動きがありました。「電力自由化」が始まり、原発や石炭に頼る従来のエネルギーだけでなく、再生可能エネルギーを自分の意思で選ぶことができるようになったのです。ここでも私たちは「グリーンエナルティー（由来：クリーンエネルギー×グリーンティー）」という新フレーバーを発売し、この素晴らしい新制度の開始を祝福しました。

　しかしながら、残念なことに当時メディアで議論されたのは、主に価格についての比較であり、環境負荷に関する議論はほとんどなされませんでした。再生可能エネルギーへシフトする動きも全くないといっていいほどの状況でした。そもそも再生可能エネルギーについての正しい

写真5　ベンジェリでんき店頭設置イメージ

説明が十分になされていないことが問題であると再認識しました。そこで、日本独自のキャンペーン「ベンジェリでんき」を立ち上げました。これはベン&ジェリーズの直営ショップにいらっしゃるお客様に「100％混じりけのない再生可能エネルギー」を使っていただくというものです。ベンジェリでんきのしくみは、まずベン&ジェリーズが全国の再生可能エネルギーの発電所のうち4カ所を訪ね、電気を蓄電池に分けていただきます。その電気をベン&ジェリーズ直営ショップ（当時：表参道）で自由に使っていただけるスマートフォンの充電スタンドとしてご提供しました。キャンペーンの動画も制作し、店舗やSNSでどんどん拡散しました。この動画では自然豊かな地域で丁寧に電力を生み出している生産者の皆さんのお顔やその地域の風景をご紹介し、より身近に再生可能エネルギーを感じてもらえるよう努めました。もちろん、この活動が問題の解決にはならないのですが、多くの方々に「使えるのが当たり前」と認識されている電気が、誰がどんな想いでつくっているのかを考える機会へとつながりました。

2017年には「エネルミント（由来：エネルギー×ミント）」という新フレーバーをショップで発売しました。発売に際し、お客様と一緒に再生可能エネルギーについて楽しく学ぶためのワークショップを店頭で開催しました。NGOのパートナー「パワーシフト」様をゲストにお招きし、エネルミントを食べながら、おいしく、楽しく、エネルギーについて考える機会となりました。また、この年からベン&ジェリーズは大学や高校への出張授業を始めました。これからの未来を創る若い世代の方々と共にこの問題について考える機会を積極的に増やしています。

ベン&ジェリーズは長年、気候変動の問題について真剣に取り組んできました。しかし、まだまだ企業としてやれることがあると考えています。気候変動を人権に関わる問題として、これからもさまざまなNGOや企業、自治体、そしてお客様と力を合わせて活動を広げていきます。私たちの使命は、とびきりおいしいアイスクリームを通して、地球の皆さんをハッピーにすることだと信じているからです。

（溝越えりか）

column 14

気候変動に対するパタゴニアの取り組み

　パタゴニアは、主にアウトドア衣料を製造販売しているグローバル企業です。衣料品ビジネスは、他の製造業と同じように、自然資源を使い、水やエネルギーを注入し、温室効果ガスを排出しながらつくった製品を販売することで利益を得ています。そういう意味では、事業そのものが環境汚染であり、パタゴニアもその例外ではありません。

　環境活動家の故デビッド・ブラウアー氏は、「死滅した地球ではビジネスは成り立たない」という言葉を残しました。もし、企業が利益を追求するあまり、自社の環境に対する悪影響と真剣に向き合わなければ、ビジネスそのものの存続が難しくなります。とりわけ、気候変動が深刻化する今、ビジネスどころか、「死滅した地球では生命は存続できない」という言葉すら真実味を帯びつつあります。

　だからこそ、パタゴニアは「最高の製品をつくり、環境に与える不必要な悪影響を最小限に抑える。そして、ビジネスを手段として環境危機に警鐘を鳴らし、解決に向けて実行する」というミッション（2018年11月現在）に向き合いながら、ビジネスを運営しています。

　私たちが直面する危機を乗り越えるには、すべての企業が自社の気候変動に対する悪影響を抑える費用を「不可欠なコスト」として認識する必要があります。パタゴニアでは、1980年代から、リサイクルフリースやオーガニックコットンへの切り替えなどを通じて製造過程における影響を抑える取り組みを行ってきました。今も、事業のあらゆる面で「環境に与える不必要な悪影響を最小限に抑える」ために戦略的な取り組みを続けています。

　しかし、この危機を乗り越えるには、もはや自社の悪影響を最小限に抑えるという内向きの取り組みだけでは不十分であり、各企業が社外で起きている問題に対しても主体的に行動を起こすことが重要です。パタゴニアでは、「ビジネスを使って環境危機に警鐘を鳴らし、解決に向けて実行する」というミッションにのっとり、3つの軸で行動を続けています。

パタゴニア日本支社が投資などの支援を行う千葉県匝瑳市のソーラーシェアリング施設

　一つ目は、気候変動に最も悪影響を及ぼす発電方法である石炭火力発電所の問題です。2016年時点で日本では109基の既設と50基の新設計画がありました。50基のうち、11基が中止になり10基が稼働、29基が新設計画として残っています。(2019年1月30日現在)世界を見回しても、こんな国はありません。私たちは、この状況を非常に危惧しており、関係NPOや市民団体と協力しながら、全国の直営店や自社メディアなどを活用して啓蒙活動を行ったり、建設反対活動を支援したりしています。

　二つ目は、自然エネルギーの普及支援です。残念ながら、利益を最優先する一部の事業者が、森林破壊や災害リスク増大などの問題を引き起こしているという現状があります。一方、耕作放棄地を有機栽培の畑に再生し、その上の空間を有効利用する形で太陽光パネルを設置し、地域の自立発展にも貢献しているソーラーシェアリングなどの事例も広がりつつあります。パタゴニアでは、千葉県匝瑳市のソーラーシェアリング事業への投資を行うなど、より包括的な視点で自然エネルギーへの転換を支援します。

　三つ目は、化石燃料を燃やすことなどで大気中に放出されてしまった炭素を、もう一度、地球に固定するための努力です。私たち人間は、森の伐採や海の乱開発、化学肥料や農薬に頼る慣行農業の導入によって、そもそも地球がもっていた「大気中の炭素を地球に固定する力」を奪ってきました。パタゴニアでは、食品部門であるプロビジョンズのビジネスを通じて有機農業や持続可能な漁業などを支援しつつ、ロデール財団やDr.ブロナー社などと共に環境再生型有機認証制度を広めることで、健全な土壌や海、森林を回復する努力を行っています。

　パタゴニアは数ある企業の一つにすぎず、自社だけでできることは限られています。しかし、人間や多くの生命がこの地球で生き続けられる未来のために、これからも他企業、行政、民間団体、そしてカスタマーにも協力をいただきながら、気候変動問題を乗り越えるための努力を続けます。　　　辻井隆行　パタゴニア日本支社長

政府

government

　2018年の夏は、これまでに経験したことのないレベルの猛暑や気象災害が発生しました。7月には、埼玉県熊谷市で観測史上最高の41.1℃を記録したほか、猛暑日[*1]が続いたことで、熱中症で搬送された方の数も過去最大となりました。また、西日本を襲った平成30年7月豪雨では広い範囲で記録的な大雨となり、各地で大規模な災害が発生し、非常に強い勢力で関西地域に上陸した台風21号においては、これまであまり想定されていなかった高潮や暴風によって多大な被害が出ています。今後、地球温暖化の進行に伴い、このような猛暑や豪雨のリスクは高まることが予測されています。

*1 最高気温が35℃以上となった日

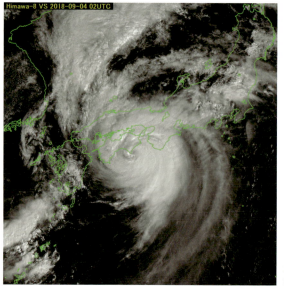

平成30年9月の台風21号
写真提供：気象庁

平成30年7月豪雨の被害（広島県）
写真提供：広島県砂防課

気候変動に関する環境省の取り組み
——気候変動適応法と適応の取り組み

　2018年6月、国会での議論を経て「気候変動適応法(以下、適応法)」という新しい法律が成立し、同12月1日に施行されました。この法律は、現在および将来の気候変動影響を回避・軽減することで、私たちが将来にわたって安心して暮らしていけるよう「適応」の取り組みを促進していくことを目的としています。

　近年の猛暑や気象災害の背景には、地球温暖化があると考えられています。人間の活動から排出される二酸化炭素などの温室効果ガスの増加によって、気温や海水温が上昇し、気候が変化して(気候変動)、これまでに例のない猛暑や気象災害をもたらしていると考えられています。それによって現在も既にさまざまな影響が現れており、今後も温室効果ガスの排出が続けば、それに伴って気候変動の影響が拡大していくことが懸念されています。2015年12月に採択された「パリ協定」に

おいても、気温上昇を2℃より十分下回るよう温室効果ガスの排出を抑えるといった「緩和」に関する目標に加え、気候変動適応に関する計画の策定やその実施が盛り込まれました。ここでは、適応法を中心に気候変動影響への「適応」に関する政府の取り組みをご紹介します。

　適応法では、国は、現在および将来の気候変動影響や適応に関する科学的知見を踏まえて、関係する省庁が協力、連携しながら計画的に施策を推進していくこととされています。現在行われている政策や対策は、これまでの経験に基づいて計画されているものが多くあります。例えば、河川の洪水対策は、過去にその地域で降った大雨を分析し、それに耐えられる強度で設計することが行われています。しかし、気候変動影響が今後拡大していくと、これまでに経験したことのない大雨が降る

表1　現在および将来の気候変動影響と主な適応策の例

分野	現在および将来の気候変動影響	主な適応策の例
農業	高温による米や果樹の品質低下	高温耐性品種の開発・普及
自然災害	施設の能力を上回る水害の頻発	堤防や洪水調節施設、下水道の着実な整備
水資源・水環境	渇水の頻発化・長期化・深刻化	節水、雨水・再生水利用の促進
自然生態系	サンゴの白化現象	サンゴ礁の保全・再生
健康	デング熱等の熱帯性感染症リスク	媒介蚊の駆除対策の促進

出典：「気候変動適応計画（平成30年11月27日閣議決定）」をもとに筆者作成

可能性が高まり、将来の気候の変化を考慮した対策を実施していないと、現在よりも大きな被害が生じる恐れがあります。そのため適応法では、環境省が中心となって現在および将来の気候変動影響とそれに伴う各分野への影響について、国内外で行われている研究成果を収集し、おおむね5年ごとに「気候変動影響評価」を実施し、それに基づいて、国の計画である「気候変動適応計画」を見直していくことを定めています。気候変動影響に関する研究は日々進歩しており、これまでに多くのことが分かってきていますが、予測精度の改善や、分野によっては十分な知見が得られないなどの課題があります。しかし、高精度の研究成果が完全に揃うことを待っていては、拡大する気候変動影響への対応が遅れてしまう可能性が高いため、その時々の最新の知見を定期的に収集し、それに基づいて計画を見直すことで、無駄のない適切な施策を実施することができるのです。

気候変動適応においては、研究機関も大きな役割を担っています。適応法では、国立環境研究所が、他の研究機関と連携して気候変動影響等に関する科学的知見を収集し、分析、提供することとしており、現在既に運用している「気候変動適応情報プラットフォーム（A-PLAT）*1」などの情報基盤を充実し、自治体等への技術的助言や支援を行っていくこととなります。

都道府県や市町村などの自治体においては、「地域気候変動適応計画」を策定して計画的に適応の取り組みを推進するよう努めることが求められています。南北に長い日本列島の気候は一様ではなく、地域や地形などによって大きな差があります。また、気候変動影響の種類や規模は、その地域の人口や産業構造などの経済社会状況によって異なります。地

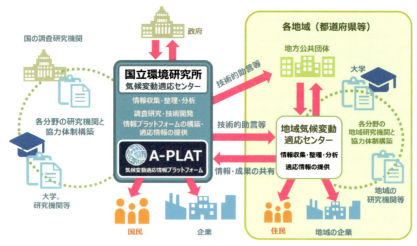

出典：環境省資料より

図1　気候変動適応センター（国立環境研究所）**の役割と連携体制**

域特有の気候変動影響やその被害に備え、そこに住む人々の生活や活動を守っていくためには、自治体単位できめ細かな適応策を実施する必要があるのです。また、都道府県や市町村においては、その地域の気候変動影響や適応に関する情報の収集・分析等を行う拠点として「地域気候変動適応センター」を確保することが求められています。国立環境研究所と連携しながら、地域特有の情報を収集して「地域気候変動適応計画」の策定や各地域における適応の推進に貢献することが期待されています。

その他、「気候変動適応広域協議会」を全国7ブロックで開催し、地方公共団体の境界を超えた地域レベルの連携体制を整えることとしています。気候変動影響には国境や県境はありません。近隣の地域と知見や経験を共有して、協力して適応に取り組むことが必要です。適応法では、日本よりも気候変動の影響を受けやすい開発途上国などに対しても、日本の技術や知見を活用した支援や国際協力を推進することとしています。

適応法では、気候変動適応における企業や国民の役割についても定めています。企業は事業活動に即した適応に努めること、国民においては適応の重要性に対する関心と理解を深めること、加えて企業や国民は、

国や自治体の適応の取り組みに協力することが求められています。企業活動は生活に欠かせないインフラや経済を支えているため、それぞれの企業が事業活動に即した適応を実施することは、その企業の気候変動への強靱性や事業の持続可能性を高めるだけではなく、人々の生活や安全を守ることにもつながります。例えば、食品や飲料を製造する企業は原材料として多くの農作物を利用しています。しかし農産物を生産している地域では、気温の上昇などによって同じ農作物を十分に収穫できなくなる可能性があります。企業は、高温に強い品種を開発して収量の低減を防いだり、原材料を調達する産地を変更したりするなどの適応策を検討する必要が生じます。また、道路や電力、ガス、通信など生活の基盤を支える企業が、経験を超えるような気象災害に備えて適応策を実施することは、その企業だけではなく地域の生活や経済活動を守ることにもつながります。

適応には一人ひとりが行える取り組みも多くあります。例えば、台風や大雨によって洪水が起きた時にはどのような行動を取るべきか、あらかじめハザードマップや避難経路を確認しておくことや、夏の暑い日に外出する時には、熱中症にならないよう涼しい場所で休憩をとったり、こまめに水分補給したりすることなども適応の取り組みといえます。

気候変動の適応は、国や自治体だけで進めていく取り組みではなく、企業や国民の協力が不可欠です。適応法の施行をきっかけに、一人ひとりが身近な気候変動の影響を知り、気候変動を防ぐためにできること、気候変動の影響に上手に適応するためにできることなどを考え実行し、気候変動影響に負けない、安心・安全で持続可能な社会を構築することが期待されています。

(秋山奈々子)

*1 *http://www.adaptation-platform.nies.go.jp/* (最終閲覧日:2019年2月28日)

column 15

地球温暖化対策のための国民運動「COOL CHOICE」について

COOL CHOICE
ロゴマーク

　2015年、すべての国が参加する形で、2020年以降の温暖化対策の国際的枠組み「パリ協定」が採択され、世界共通の目標として、世界の平均気温上昇を2℃未満にする（さらに、1.5℃に抑える努力をする）こと、今世紀後半に温室効果ガスの排出を実質ゼロにすることが打ち出されました。

　パリ協定を踏まえ、わが国は、2030年度に温室効果ガスの排出を2013年度比で26％削減する目標を掲げています。この目標達成のためには、家庭・業務部門においては約4割という大幅削減が必要であり、環境省は、低炭素型の「製品への買い替え」、「サービスの利用」、「ライフスタイルの転換」など地球温暖化対策に資するあらゆる「賢い選択」を促す国民運動「COOL CHOICE」を推進しています。

　「COOL CHOICE」の推進に当たっては、「クールビズ」などの省エネ行動を呼びかけることはもとより、地球温暖化を他人ごとではなく、自らが行動をとる必要性、意義を理解し、共感いただくことが大切です。

　2016年に内閣府が実施した「地球温暖化対策に関する世論調査」においては、地球温暖化に「関心がある」または「ある程度関心がある」と回答した方の割合は87.2％と、2007年時点の92.3％と比較して低下しています。

　この要因として、若年層の地球温暖化への関心が低くなっていることが挙げられます。18～29歳で地球温暖化に「関心がある」と回答した方の割合は19.5％、30～39歳で「関心がある」と回答した方の割合は28.3％と、全体平均の40.4％と比較してとりわけ低い値となっています。

　これに対し、環境省では、若い世代の方々に地球温暖化についてより深く知ってもらうため、小中学生、高校生を対象に、地球温暖化の影響に関する学習の機会を設けています。

　まず、地球温暖化に関する情報を分かりやすく伝える「地球温暖化防止コミュ

親子イベントの様子

地球温暖化の意識啓発アニメ
「ガラスの地球を救え！」

ニケーター」を環境省にて養成し、小中学校へ派遣しています。コミュニケーターは、座学だけではなく、実験やクイズなどを盛り込んだ参加型の内容を通じ、楽しみながら地球温暖化について学べる授業を行います。環境省主催の「出前授業」は、1年に約120回行われており、2018年度「出前授業」を受けた小中学生の数は約8,000名です。2017年度からは、コミュニケーターがより正確かつ最新の知見を伝えられるよう、年1回の更新テストも導入しました。

また、小学生とその保護者を対象として、NPO法人「気象キャスターネットワーク」の気象キャスターが地球温暖化の影響について分かりやすく解説する親子イベントも開催しています。全員参加型のクイズ・体験などを盛り込み、また気象キャスターが「2100年の日本の夏は、あなたの住む地域も40℃超えに!?気象キャスターが実演する『2100年の未来の天気予報』」を実演するなど、楽しく地球温暖化について学べるよう工夫しています。例年、各回の応募者数が定員数の1.3～3.7倍と好評ですが、2018年度は観測史上最高の41.1℃を記録するなど、全国的に酷暑に見舞われたため、とりわけ「2100年の天気予報が面白い」等の感想をいただいています。

さらに、環境省では、地球温暖化の意識啓発ツールの拡充にも力をいれています。2017年度に地球温暖化の意識啓発アニメ（小学校高学年向けの「地球との約束」、中学生向けの「私たちの未来」）を制作し、2018年度から、全国の市町村、小中学校等に映像やポスターの貸し出し、提供を行っています。2018年度、全国約7万名を超える方々にご視聴いただきました。上映後、「一人ひとりにできることはあるのに、誰かがやればいいと思ってしまっているので、私は自分でできることをやっていきたい」等の感想をいただいています。

磯辺信治　環境省地球環境局地球温暖化対策課国民生活対策室室長

地域と家庭
Community and family

1. カンガルー島の観光スポット「Remarkable Rocks」
2. カンガルー島のどの家庭でも行われているコンポスト
3. コリン・ウィルソンとベヴ・マクスウェル夫妻と。ご夫妻の庭で採れた野菜をおすそ分けしていただいた時の様子
4. コリンとベヴ夫妻の庭にある雨水タンク
5. ボブ・ティーズデイル氏の森にいた1匹の年老いたカンガルー。もう飛び跳ねることはできなくても、一歩一歩ゆっくりでも前に進んでいる
6. コリン&ベヴ夫妻の庭で行われている家庭菜園
7. コリン&ベヴ夫妻の家の屋根に取り付けられているソーラーパネル

8. 大木から折れてしまった木を再生しているところにできた大きな虹
9. カンガルー島市長のピーター・クレメンツ氏から講義を受ける様子
10. カンガルー島にある小学校「KICE」で度々見かけられた青いベンチ。学校で集めたペットボトルをリサイクルしてできたもの
11. そんな「KICE」では週に一度「ヌード・フード・デー」という、食べ物を使い捨てプラスチックに包まないで持ってくるというキャンペーンを開催
12. 出会って5分でこの笑顔！日本からきた私たちを受け入れてくれるカンガルー島の人々の優しさに、何度も感動させられた
13. カンガルー島のメインストリート。車ですれ違う時には、ピースサインで挨拶を交わす
14. お茶をしながら過ごした、コリンとの対話の時間
15. 規模は小さくとも島民の憩いの場ともなっているカンガルー島の空港。太陽光発電はもちろん、アートギャラリーやキッチンも併設されており、Community Bondを築いていく場にもなってる

3-7 Colin Wilson and Bev Maxwell
カンガルー島で暮らす コリンとベヴの サステイナブル・ライフ

Community and family

　広大な大地に豊かな自然が存在するオーストラリア。その南方にカンガルー島という小さな島があることをご存じでしょうか？人口約4,000人ほどで東京都の約2倍の面積をもつこの島では、美しい海と自然の恵みに寄り添いながら生活している、島民の穏やかな暮らしが存在しています。また、この島の空港に太陽光発電を活用したオフグリッドが導入されているように、気候変動に対する政策と実践が数多く見られる島でもあります。

　そんなカンガルー島の一般的な家庭であるコリン＆ベヴご夫妻は、訪問客用に家庭での気候変動アクションのリストを作成しています。ここでは、その和訳を紹介します。

● **家の選び方**

　次のような長所があるため、私たちはこの家を選びました。
▶ 冬は暖かくて夏は涼しさを保つ素材で建てられている。
▶ ベランダが家の前と後ろについている。
▶ 野菜や果物を育てるのに適した大きなブロックがある。
▶ 光がさして風通しの良い大きな窓がある。
▶ 木陰をつくる木々と、家に通ずる雨水タンクが2つある。
▶ ほとんどの場所に徒歩か自転車で行くことができ、めったに車を必要としない。

一方で短所もあります。
▶ 2人で住むには家が大きすぎる。
▶ 家が西向きである。
▶ たくさんの木や植木が茂っているため、区画には適していない。

● **持続可能な生活をするための努力**

1.水の使用量の削減
庭：芝生には水をまかず、土の中の潤いを保って土壌の肥沃を良くするために、コンポストやマルチシートを使います。また、夏の間は水分の蒸発を減らすために、果物の木や野

```
How we try to live sustainably within a small rural town on Kangaroo Island
Choice of house
We selected our house because it had these advantages:
    • made of solid building material keeping it warmer in winter and cooler in summer
    • verandas back and front
    • large block suitable for growing fruit and vegetables
    • big windows providing light and ventilation
    • existing shade trees and two rainwater tanks plumbed into house
    • could walk or ride our bicycles to most places and rarely need to drive the car.
Negatives were:
    • large house for two people
    • house faced west (sun in afternoon)
    • many of the trees and plants were either weedy or unsuitable for town block.

Efforts at sustainability:
1. Reducing water use
Garden: we don't water our lawn and we use compost and mulch to keep moisture in soil and improve soil fertility. Fruit trees and vegetable garden are watered during summer using seeper hoses to reduce evaporation loss.
Rainwater tanks: Two existing tanks and a new one installed off shed. All house water except for toilet comes from rainwater tanks (although we can connect to town mains if needed). We have installed water saving shower heads, taps and dual flush toilet, low water use washing machine and dishwasher. We don't use washing machine or dishwasher until we have a full load.
2. Electricity We have installed 16 solar panels onto shed roof.
Heating: Wood heater burns wood which we have grown ourselves. We reduce pollutants by keeping chimney cleaned, only burning dry wood, maximising efficiency of combustion by maintaining good air flow, keeping fire use to minimum (only during evenings) and only during winter. We use it to heat the kettle instead of electricity. We close off rooms that don't need heating, circulate warm air with ceiling fans and have thick curtains to keep in warmth and we wear warm clothes. We have a gas heater that we don't use.
Cooling: We passively cool the house using cross ventilation and ceiling fans.
Lighting: We have installed LED or fluoro lights where possible and turn off lights when the room isn't being used.
Whitegoods: we've bought low energy use items to the level we can afford (eg oven, freezer, washing machine and dishwasher).
General: Clothes are dried passively outside or on clothes-horse in front of fire.
3. House renovation: When we renovated our kitchen/dining area we chose marmoleum flooring made from linseed oil, Forest Certified Timber for the cupboards (not two-pac), a South Australian made sink and Quantum quartz benchtop (Quantum Quartz is both Green Tag and GreenGuard certified which means it has low chemical emissions and environmental byproduct). The new carpet in the lounge is made of wool, a renewable resource. We also paint with low toxicity acrylic paint.
```

本節の原本の一部

菜畑にシーパーホースで水をまきます。

雨水タンク：2つのタンクがあり、そのうちの新しいタンクは日よけが取り付けられています。トイレを除いたすべての生活用水は雨水タンクからきており、もし必要であれば、街の中心地にも水を送ることができます。また、節水機能がついたシャワーヘッド、蛇口、水洗トイレ、できるだけ少ない水で洗う洗濯機と食器洗い機を取り付けており、洗濯機と食器洗い機は容量がいっぱいになるまで使用しません。

2. 電気
16枚のソーラーパネルを屋根に取り付けています。

暖房：暖炉は私たちが育てた木を燃やして使用します。その際、大気汚染を減らすために次のことを行っています。①煙突をきれいにして使用する。②乾燥した木だけを燃やす。③燃焼効果を最大限にするためのきれいな空気を流すようにする。④夜と冬の間だけ火の使用を最低限に抑える。このようなことに配慮しながら、ケトルを温めるために電気の代わりに暖炉を使用します。また、暖をとるために使用しない部屋のドアは閉めて、暖かい空気をシーリングファンで回し、そして厚手のカーテンをつけて、暖かい衣類を着ます。これらでガスヒーターは使用しなくてすみます。

冷房：換気扇やシーリングファンを使用して、自然の風を取り入れながら家を涼しくします。

明かり：可能な限りLED電球や蛍光灯を取り付けて、使っていない部屋は照明を消します。

電化製品：無理のない範囲でオーブン、冷蔵庫、洗濯機、食器洗い機など低エネルギーの電化製品を買っています。

その他：洗濯物は外か暖炉の前の物干しにかけて、自然乾燥させます。

3. 家の改装
キッチンやダイニングエリアを改装する時、床材は亜麻仁オイルからできた再生可能なマーモリウムフ

ローリングを使い、食器棚はFSC（森林管理協議会）認証のものを使用します。また南オーストラリア製のシンクや、有害化学物質の排出量や環境負荷が少ないという認証である「Green Tag」と「GreenGuard」を併せもった、Quantum Quartz社のベンチトップを選んでいます。ラウンジにある新しいカーペットは、ウールや再生可能な資源でできており、壁や天井を塗る時は毒性の低い水性の塗料を使用しています。これらすべての製品は、有害物質の放出が少なく、環境への影響が低いものであるとして、国家機関によって認証されています。

4.食べ物

多くの果物や野菜を育てているため、それらを日々の食事に使用し、また友人たちと交換します。採れた野菜や果物は一年を通して使うことができるよう、時々乾燥させたり凍らせたりして保存します。また、食べ物を買う時は南オーストラリア地域のものを買い、オーガニック食材を使用するようにしています。保存料やパーム油の使用、糖分や塩分を過剰にとらないようにするといった健康上の理由と、包装紙の無駄を避けるために、パッケージ食品を購入する量も制限しています。そしてなるべく食料廃棄を避けるようにして、残った骨や野菜の皮などもコンポストのタンクか市議会が提供する緑のゴミ箱タンク[*1]に入れるようにしています。

5.庭

庭には最小限の農薬や除草剤を使用しています。ほとんどの昆虫が大好きですが、イモ虫やカタツムリは育てている野菜を食べて台無しにし、また南オーストラリア固有の虫ではないため潰して駆除します。（時々、キャベツにいるイモ虫に対して「Dipel（ディペル）」という薬を使います。）しかし、柑橘類の木にいるアゲハチョウの幼虫や免疫性のあるブドウの木にいるガの幼虫は、南オーストラリア原産で、野菜の葉をほとんど食べず、大人になると色鮮やかなチョウとガになり花を受粉するのに役立つため、彼らの成長を見守ります。食べ物の切れ端や庭の老廃物からコンポストをつくります。

6.ゴミ

シングル・ユース・プラスチックの使用を減らす努力をしています。買い物に行く時はマイバッグを持っていき、旅行に行く時は使い捨てのものを避けるために、マイカップやマイボトル、ナイフやフォークなどを持っていきます。また、野菜や肉を包むプラスチックのラップを買うことも避けています。そして市議会が提供したゴミ箱タンクに入れるた

めにゴミを分別し、さらにはバッテリー、電球、古い薬、プリンターカートリッジなども分別して、それらをリサイクルする場所*2に持っていきます。

7. 掃除

私たちは毒性のないクリーニング材（例：クリーニングにはビネガーや重曹を、木材家具のつやを出すにはオリーブオイルやレモンを使用する）か、毒性の低い市販品を使っています。

8. 交通手段

キングスコート周辺は、主に徒歩か自転車に乗って移動します。わが家の1台の車は低燃費ですが、次に購入する時は電気自動車にしたいと思います。

9. 一般的な生活

基本的に、必要のないものは買わないようにしています。また、わが家のほとんどの家具や洋服、電化製品などは中古のものです。

10. ストレペラ

ストレペラとは、私達が所有する土地の名前です。その土地は650ヘクタールあり、ほとんど自然の原生植物が生えていて、背丈の高い森林になっています。この土地は「Heritage Agreement（遺産協定）」*3というその土地の自然を保護する条約によって管理されており、絶滅の危機に瀕しているテリクロオウムやいくつかの植物種を保護しています。またこの土地の50ヘクタールは、以前に羊の放牧用に伐採されています。そこで、私たちは毎年植樹フェスティバルを開催し、17年間に1万2,000本以上の地域に根差した木々を植えることができました。そこで使う苗木は、ストレペラに生息する在来種から種子を集め、何百もの鉢に播種してから植えていきます。そうすることで、原生林となることができます。

家庭でできる多様なサステイナブルアクション。皆さんは何から始めてみたいですか？コラム16では、これらに気負いなく取り組むためのヒントを紹介します。

（岡田英里）

---

*1 市議会は黄色・赤・緑のごみ箱タンクを各家庭に提供します。緑のタンクには、野菜の皮や落ち葉などの有機廃棄物を、黄色のタンクには、紙、ガラス、金属、プラスチックなどリサイクル可能なゴミを入れ、そして赤いタンクには、埋め立て処分されることになるリサイクル不可能なゴミを入れます。これらは2週間に一度回収され、分別されます。どのタンクにもできるだけ何も入れないようにしています。

*2 これらは専門的なプロセスを経てリサイクルする必要があるため、赤いタンクには入れずに、それらを集める集積所に自分で持っていきます。そして専門家によってリサイクルされます。

*3 土地所有者と持続可能性および環境保護大臣との合意によってつくられた、私有地の保護を目的とした協定のこと。南オーストラリア州政府に属する環境水資源省が1980年に制定しました。またこの協定は、所有者が土地を売ったとしても、その土地に永久に適用されます。

column 16

気候変動の適応と緩和の実践
カンガルー島が教えてくれた、気負いなく取り組む気候変動アクション

　災害級の暑さといわれた2018年の夏、私が通う聖心女子大学では、教育学科の永田佳之教授が毎年実施している海外スタディーツアーの一環として、豪州カンガルー島を舞台に気候変動とサステナビリティをテーマとしたスタディーツアーが開催されました。ツアーとして同島を訪れるのはこれで3回目となります。ツアーに参加していた私は、そこで過ごす日々の中で心の緊張がほぐれてほっとした瞬間が1度ありました。そしてそれは、生きていく上で大切なことに気づかされた瞬間でもあったのです。

　そのほっとした瞬間とは、気候変動対策を頑張ろうとしなくていいのだと分かった時です。カンガルー島では、市役所や現地のお店、学校や家庭などで行っている環境に配慮したサステイナブルな取り組みを数多く見ることができました。どれも日本では見ることができない素晴らしい取り組みでしたが、驚くことに、それらをどんな人も無理なく自然体で行っていたのです。

　私はカンガルー島に来る前、5月に聖心女子大学で行われたエシカルフェスタでの経験を通して気候変動問題に出会いました。そこからこの問題をどうにかしたいという使命感と責任感に駆られ、どこか必死になって自分に何ができるのかを考えていました。しかし現地でそのような姿を見て、気候変動対策は気負わずに自分の足元からできることを実践していけばいいのだと分かり、安堵の気持ちを抱きました。そして気候変動に対して誰もが解決の一部になることができると分かった今、「Climate Action（気候変動に対してのアクション）」を以前よりも楽しく、肩の力を抜いて考えることができるようになりました。

　では、その気負わずに自分の足元からできるClimate Actionとは、一体どのようなものなのでしょうか。ここではその一例として、カンガルー島の一般家庭であるコリンとベヴ夫妻のご家庭で見た、具体的な取り組みを紹介したいと思います。

　まず1つ目は、家庭菜園です。このご夫妻の庭では、自分の好きな野菜を育てつつも、生態系のバランスを考えながら多様な種類の野菜や果物、植物を栽培しています。そこで採れた食材は日々の食事に使われるため、食と気候変動の問題

"Discover the things that really matter in my life." カンガルー島の空港で出会った大切な言葉

でしばしばいわれるフードマイレージの抑制につながります。

　2つ目は、コンポストです。コンポストはカンガルー島のほとんどの家庭で行われています。日々の食事で出る野菜の切れ端や残飯を生ゴミとしてそのまま捨てるのではなく、大きなタンクに貯めて堆肥にし、自宅で育てている農作物の肥料にします。

　3つ目は、雨水タンクと太陽光発電です。カンガルー島では、私たちの生活に必要不可欠な水やエネルギーなどのライフラインも、自然の恵みから確保して生活しています。飲み水や浴槽の水などの生活用水は雨水タンクに貯められている水をろ過して利用し、また室内の電気や温度調整のために使われるエネルギーも、屋根に設置されているソーラーパネルで発電して電気を賄っています。

　このように、カンガルー島の家庭では、気候変動の適応と緩和に関する取り組みが、日々の何気ない日常の一部として行われています。また、その取り組みは限りある資源の中で生活していくという「Sustainabitliy（持続可能性）」を考えたものになっており、自然から受けた恩恵を無駄なく使用し、そして自然にとって質の良い状態で返していくといった1つの好循環を、自身の生活の中で生み出している生活になっています。

　私はカンガルー島の空港で、ある言葉に出会いました。"Discover the things that really matter in my life."（自分の人生で本当に大切なものを見つけなさい。）

　日々深刻化していく気候変動ですが、そのような中でもカンガルー島の人々が自然体で自分の足元からできるサステイナブルな取り組みをすることができているのは、自分の人生において本当に大切なものは何かということを、一人ひとりが気づいているからかもしれません。そしてそれに気づくことで、真の生きる楽しさを感じることができ、持続可能な社会を築いていくことができるのではないかと思います。

　自分の人生の中で本当に大切なものや守りたいものは何か。不確実性増すこのような時代であるからこそ、一人ひとりがそのことを考えていくことが、今必要なのではないでしょうか。

岡田英里　聖心女子大学（学部生）

やってみよう、気候変動ワークショップ！
～教室・学校まるごと気候変動教育～
【ESD / CCE（気候変動教育） 自己評価シート】

　全国には、1万以上の幼稚園と中学校、2万校近くの小学校、5,000校弱の高等学校、そして大学は短大を含めると1,000校以上あります。ESDの推進拠点といわれるユネスコスクールは1,100校を超えています（2019年1月現在）。これだけの学校が率先して気候変動の緩和と適応のモデルとなれば、大きな一歩になるでしょう。ここではそのための自己評価項目(例)を共有します。ご自身の組織でどの程度、温暖化対策を実践しているのか否か、ワー

自己評価シート		0	1	2	3
＊あなたの学校の日常について右記の0～3のいずれかに✓を記してください。		全く当てはまらない	あまり当てはまらない	まあまあ当てはまる	大いに当てはまる
自然	1. 校内（キャンパス内）の緑を大切にしている				
	2. 温室効果ガス（CO_2）を減らす方針をもっている				
	3. 「生物多様性の日」など、「国連デー」を活用している				
	4. 気候変動など、地球規模課題の解決につながる活動を積極的に行っている				
	5. 学校のホームページで「パリ協定」について言及するなど、気候変動等の地球規模課題への取り組みを示している				
	6. 校内のゴミ削減やリサイクルの方針を定めている				
	7. 遠足などの行事にエコの視点を入れている（レジ袋を持っていかない、ゴミは持ち帰る等）				
	8. 校内にプラスチックを持ち込まない特別な区域（プラスチック・フリー・ゾーン）を設けている				
	9. 人間は自然の一部であることについて考える機会を提供している				
	10. 生徒が自らのライフスタイルが環境問題につながっているという自覚をもてるようにしている				
経済	1. 節電に関する方針をもっている				
	2. マイバッグやマイカップを持つように勧めている				
	3. コピー機の使用は控えめにしている				
	4. 食の安全やフードマイレージについて学ぶ機会を提供している				
	5. 水や電力の使用量を子どもが分かるように可視化している				
	6. 環境に配慮したもの（再生紙や安全な食材、児童労働や環境破壊によらずに生産された用具など）を購入・利用するようにしている				
	7. 日常の移動は車よりも公共交通機関や自転車、徒歩を勧めている				
	8. 「地球にやさしい銀行」を選んで預金している				
	9. 生徒が長期的な展望（見通し）をもてるようにしている				
	10. 生徒の批判的思考（物事を客観的・多面的に観る力）を養うようにしている				

クショップを開いて確認してみてください。なお、学校用に作成していますが、多くの項目は会社やNPOなどでも参考にできますので、学校関係者以外の方々もぜひご利用ください。全部で40項目ありますが、ESDの知見をもとに自然・経済・社会・文化という大項目に分けてあります。また、自分たちの組織や地域ならではの独自の項目(指標)を作成するワークショップで活用するのもお勧めです。

		0	1	2	3
		全く当てはまらない	あまり当てはまらない	まあまあ当てはまる	大いに当てはまる
社会	1. 地元の気候変動問題やその対策について学んでいる				
	2. 他国・地域の気候変動について学んでいる				
	3. 地球規模課題をテーマに海外の学校等と交流している				
	4. 輸入品などではなく、地元のものを購入するようにしている				
	5. 少数派や社会的弱者の権利を尊重するための学びを重視している				
	6. 自らの声が学級・学校運営に関わる意思決定に反映されるという実感を生徒も教師ももっている				
	7. 開発の功罪について考える機会を設けている				
	8. 先進国の人々の暮らしのために途上国の人々が気候変動で苦しんでいるという構造的な問題が共有されている				
	9. 日々の行動が遠方の自然や未来の他者にも影響を及ぼし得ることを学んでいる				
	10. ソーシャルメディア等を活用して気候変動関連の情報をシェアしている				
文化	1. 問題は自分たちで解決していくというエートス(雰囲気)がある				
	2. 給食の食べ残しや無駄遣いは極力ないようにしている				
	3. マイノリティ(少数の民族や国籍、言語、性の人々)を尊重している				
	4. 問題に気づいたら相談できるしくみや人間関係ができている				
	5. 学級・学校運営においてジェンダーの課題を意識している				
	6. 理不尽なことに対する憤りの気持ちを冷静に伝えるトレーニングをしている				
	7. 安易にまとめたりせず、教師は生徒同士の意思決定プロセスを大事にしている				
	8. 競争・競合よりも協力・協働に価値をおくエートス(雰囲気)がある				
	9. 生徒が変わるにはまず教師自身が変わることが大切であることを自覚している				
	10. 答えのない哲学的な問いを大切にしている				

© 聖心女子大学 永田佳之研究室(『新たな時代のESD:サスティナブルな学校を創ろう』(明石書店)をもとに作成)

● 執筆者（掲載順）

　本書は「気候変動教育」、つまり温暖化という地球規模課題に教育を通して挑むプロジェクトの延長線上で生まれました。気候変動はあらゆる分野にまたがる課題ですが、学校・地域の実践者や研究者から、NGO/NPO、企業、地方行政や政府に携わる方々まで、各方面でご活躍の総勢22名の多彩な著者による一冊としてまとめることがかないました。時間的制約の中でもこの上なく丁寧に本づくりをされた山川出版社の平井里枝さん、図版を担当された二宮書店の平山直樹さんはじめ、本書の刊行にご尽力いただいた皆様と希望への営みを共有できたことに感謝しております。

永田佳之

ケンタロ・オノ　Column 01
一般社団法人日本キリバス協会代表理事

宮城県仙台市生まれ。1993年にキリバスに渡り、2000年には史上初の日系キリバス人1世となる。11年から日本在住。18年まで同国名誉領事・大使顧問を務めた。キリバスと気候変動に関する講演活動を各地で精力的に行っている。

岩井慶子（いわい・けいこ）　Column 02
カトリック女子修道会である聖心会会員。公立中学校、聖心姉妹校、聖心女子大学学寮、聖心会ローマ総本部での勤務を経て、現在学校法人聖心女子学院本部にあるカトリック女子教育研究所および生涯学習センターで非常勤職員。

西原直枝（にしはら・なおえ）　2-2、2-4
聖心女子大学文学部教育学科准教授

博士（学術）（お茶の水女子大学）。家庭科教育学、被服衛生学、建築環境学。日本学術振興会特別研究員、早稲田大学理工学研究所次席研究員などを経て現職。主な著書に『新版 授業力UP 家庭科の授業』（日本標準）『基礎教材 建築設備』（井上書院）ほか。

飯田哲也（いいだ・てつなり）　Column 03
環境エネルギー政策研究所所長

1959年山口県生まれ。京都大学大学院修了。東京大学博士課程修了。原子力産業に従事後、北欧での研究活動後ISEPを設立し現職。自然エネルギー政策の国内外で第一人者として知られ、国や地方自治体のエネルギー政策革新に貢献。『エネルギー進化論』（ちくま新書）ほか著書多数。

戸川孝則（とがわ・たかのり）　Column 04
横浜市資源リサイクル事業協同組合企画室室長

横浜市内のリサイクル事業者119社の組織で、循環型社会へ向けた事業デザイン構築を行う。2013年度には横浜市の古紙・古布の資源回収100%民間事業化を達成。毎年2万人の小学生が参加する環境絵日記を実施し「SDGs未来都市・横浜」の実現を目指す。

末吉里花（すえよし・りか）　Column 05
一般社団法人エシカル協会代表理事

慶應義塾大学総合政策学部卒業。TBS系『世界ふしぎ発見！』のミステリーハンターとして世界各地を旅した経験を持つ。日本全国の自治体や企業、教育機関で、エシカル消費の普及を目指し講演を重ねている。著書に『はじめてのエシカル』（山川出版社）ほか。

松本紹圭（まつもと・しょうけい）　Column 06
東京神谷町・光明寺僧侶。未来の住職塾塾長。世界経済フォーラム（ダボス会議）Young Global Leader。武蔵野大学客員准教授

東京大学文学部哲学科卒業。2010年インド商科大学院でMBA取得。12年お寺経営塾「未来の住職塾」を開講し600名以上の卒業生を輩出。「未来の仏教ラボ」を立ち上げ業界変革に取り組む。『お坊さんが教える心が整う掃除の本』（ディスカヴァー・トゥエンティワン）ほか著書多数。

古野 真（ふるの・しん）　2-5、Column 07
国際環境NGO350.org日本支部代表

2006年クイーンズランド大学社会科学・政治学部卒業。2011年オーストラリア国立大学気候変動修士課程修了。2015年に350.org日本支部設立、金融の脱炭素化に取り組む。以前、豪政府環境省の気候変動適応策支援業務を担当。

鈴木優美（すずき・ゆうみ）　2-6、Column 08
在デンマーク 通訳・コーディネーター。Madogucci（マドグチ）

東京大学教育学研究科修士課程修了。デンマーク・ロスキレ大学教育学・心理学研究科博士課程中退。日本とデンマークの「窓口」として、コミュニケーションや言葉の仲介を行うほか、教育・福祉の領域で仕事も行う。著書に『デンマークの光と影―福祉社会とネオリベラリズム』（リベルタ出版）ほか。

木戸啓絵（きど・ひろえ）　3-1、Column 09
岐阜聖徳学園大学短期大学部専任講師

青山学院大学大学院教育人間科学研究科博士後期課程単位取得退学。ミュンスター大学留学。著書に『森のようちえん―自然のなかで子育てを』（分担執筆／解放出版）『対話がつむぐホリスティックな教育―変容をもたらす多様な実践―』（分担執筆／創成社）。

神田和可子（かんだ・わかこ） 3-2
聖心女子大学大学院博士前期課程人間科学専攻教育研究領域。聖心女子大学を卒業後、社会人とブラジルでのボランティア経験を経て大学院へ。ごみに「第2の人生(いのち)」を与えるスリランカの学び場をフィールドにESDにおける変容的学習の研究を行う。

藤田美保（ふじた・みほ） Column10
箕面こどもの森学園校長
小学校教諭を経て、大学院に進学。2004年に「わくわく子ども学校」（現：箕面こどもの森学園）常勤スタッフとなり、2009年より現職。著書に『こんな学校あったらいいな─小さな学校の大きな挑戦』（築地書館）。

鈴木康平（すずき・こうへい） 3-3
自由学園環境文化創造センター次長
自由学園最高学部卒業、早稲田大学大学院理工学研究科修士課程修了。2018年3月まで自由学園高等科教諭（物理）。著書に『ドラえもん科学ワールド─光と音の不思議』（共同監修／小学館）、『自転車のなぜ─物理のキホン!』（共著／玉川大学出版部）。

小黒淳一（おぐろ・じゅんいち） Column11
新潟県佐渡市立新穂中学校教諭
JICAやunicefの海外研修に参加し、国際理解教育と生徒会活動を中核とした学校づくりに注力。新潟県国際理解教育プレゼンテーションコンテスト最優秀賞。にいがたNGOネットワーク国際教育研究会「RING」の企画委員長としてSDGsセミナーを開催。

杉原真晃（すぎはら・まさあき） Column12
聖心女子大学文学部教育学科准教授。教育方法学、高等教育
特別支援学校・小学校・幼稚園の教員の後、京都大学大学院教育学研究科博士後期課程中途退学、山形大学基盤教育院准教授などを経て現職。主な著書に『深い学びを紡ぎだす：教科と子どもの視点から』（共著／勁草書房）。

吉田眞希子（よしだ・まきこ） 3-4
1994年生まれ。京田辺シュタイナー学校（ユネスコスクール）最終学年時にUnited World College（英国）に入学、2014年卒業（IB取得）。同年College of the Atlantic（米国）に入学、2018年卒業。現在Camphill Village（米国）にて修業中。

山藤旅聞（さんとう・りょぶん） Column13
新渡戸文化小中高校教諭・学校デザイナー。未来教育デザインConfeito設立者（http://confeito.org/）
2004年より都立高校で生物を教え19年より新渡戸文化小中高校において教鞭をとりながら、プロジェクト型カリキュラム導入を目指す学校の改革を推進。15年ボルネオスタディツアー、16年東京都檜原村などをフィールドとした教育活動も実施。SDGs出前授業や講演の全国展開、教科書執筆、NHK高校講座講師など多領域で活躍。

溝越えりか（みぞごし・えりか） 3-5
ユニリーバ・ジャパン・カスタマーマーケティング株式会社、ベン&ジェリーズ アシスタントブランドマネージャー
東京女子大学文理学部卒業。在学中に「企業の社会的責任」に興味を持ち、THE BODY SHOPマーケティング本部での勤務を経て2014年より現職。日本のベン&ジェリーズのマーケティングおよび社会的活動（フェアトレード、LGBTの権利問題、気候変動など）のキャンペーンに従事。

辻井隆行（つじい・たかゆき） Column14
パタゴニア日本支社長
1968年東京生まれ。早稲田大学大学院社会科学研究科修士課程（地球社会論）修了。99年、パートスタッフとしてパタゴニアに入社。09年より現職。#いしきをかえよう http://change-ishiki.jp/発起人の一人として市民による民主主義を問い直す活動を続ける。16年日経ビジネス「次代を創る100人」に選出。

秋山奈々子（あきやま・ななこ） 3-6
環境省地球環境局総務課気候変動適応室室長補佐
2012年上智大学大学院地球環境学研究科博士前期課程修了。気象予報士。民間企業を経て2017年4月より現職。気候変動適応法に基づく国内の気候変動適応関連施策を担当。主に地方公共団体や企業の気候変動適応の取組推進を担当している。

磯辺信治（いそべ・しんじ） Column15
環境省地球環境局地球温暖化対策課国民生活対策室長
1986年4月環境庁（現：環境省）採用後、地方事務所や厚生労働省等を経て、2017年7月出向（国立研究開発法人国立環境研究所総務部会計課長）。2018年10月より現職。地球温暖化対策の国民運動「COOL CHOICE」の推進を担当。

岡田英里（おかだ・えり） 3-7、Column16
聖心女子大学文学部国際交流学科学部生。国際政治ゼミ所属。課外活動で難民支援団体SHRETに所属したことを機に、気候変動に興味を持つ。現在は気候変動に関する学内プロジェクトの参加や、気候変動解決のための政治と教育のあり方について勉強している。

永田佳之(ながた・よしゆき)
聖心女子大学文学部教育学科教授

博士（教育学）（国際基督教大学）。「豊かな教育社会とは何か」をテーマに国際理解教育やESD（持続可能な開発のための教育）に取り組む。日本国際理解教育学会副会長、開発教育協会評議員、学校法人アジア学院評議員、フリースペースたまりば理事、聖心女子大学グローバル共生研究所副所長、ユネスコ／日本ESD賞国際審査委員などを務める。
2007年より現職。主な著書に『国際理解教育ハンドブック ─グローバル・シティズンシップを育む』（共編著／明石書店）『新たな時代のESD：サスティナブルな学校を創ろう─世界のホールスクールから学ぶ』（共著／明石書店）、Helen E. Lees and Nel Noddings (eds.). *The Palgrave International Handbook of Alternative Education.*（共著／Palgrave Macmillan）ほか。

表紙・本文デザイン　株式会社アトリエ・プラン

気候変動の時代を生きる
──持続可能な未来へ導く教育フロンティア

2019年3月20日　初版第1刷　印刷
2019年3月30日　初版第1刷　発行

著　者　　永田佳之
発行者　　野澤伸平
発行所　　株式会社 山川出版社
　　　　　〒101-0047　東京都千代田区内神田1-13-13
　　　　　電話　03-3293-8131（営業）　8135（編集）
　　　　　https://www.yamakawa.co.jp/
　　　　　振替　00120-9-43993
編集協力　株式会社 二宮書店
印刷所　　アベイズム株式会社
製本所　　株式会社ブロケード

©Yoshiyuki Nagata 2019 Printed in Japan
ISBN978-4-634-15149-9
造本には十分注意しておりますが、万一、落丁、乱丁などがございましたら、小社営業部宛にお送りください。送料小社負担にてお取り替えいたします。
定価はカバーに表示してあります。